JN106042

80億人起業家構想

僕がユヌスさんと会社をつくった理由（わけ）

Takuya Kawamura
川村拓也

晴山書店

はじめに　運命の日

時々ふと思うことがある。

あのとき、あの人の本を手にしていなかったら、僕の人生はどうなっていたのだろう。あのとき、あの人に出会えていなかったら、僕の人生はまったく違うものになっていたのではないか、と。

僕がユヌスさん（グラミン銀行創設者・ノーベル平和賞受賞者のムハマド・ユヌス氏）の本を手に取ったのは、初めて住んだアメリカで、巨大なグローバル企業に籍を置き、資本主義のど真ん中で仕事をしているときだった。当時はリストラの嵐が吹き荒れ、顧客ではなく、株主を見て仕事をさせられていた。人を幸せにしない資本主義の矛盾の中で、僕は苦しんでいた。

そんなときに出会ったユヌスさんのソーシャル・ビジネスの考え方は、その後の僕の人生の方向を決める希望の光となった。

それから十数年後、そのユヌスさんご本人にお会いして一緒に事業を興すことになるとは、そのときにはまだ夢のまた夢だった。そして、夢は実現するものだ。

二〇一七年二月一九日。この日は、僕の人生が大きな転回点を迎えた日だった。京都でユヌスさんとお会いし、一時間のプレゼンを行う機会を与えられたのだ。僕が住んでいる横浜からは、当日の早朝に移動しても充分間に合う時間だったが、万が一のことがあってはいけないと思い、僕は京都に前泊した。こんなチャンスは、一生に二度とないと思ったのだ。

プレゼンの冒頭、僕は十年ほど前にアメリカで読んだユヌスさんのご著書をお見せし、将来バングラデシュでユヌスさんと合弁会社を作る夢を赤ペンで書き入れた箇所もお見せした。

ユヌスさんのような世界のトップリーダーにプレゼンさせていただくのは、通常は十五分くらいが限界だと思っていたが、彼は約束どおり一時間きっちり、終始優しい表情で僕の話を聞いてくださった。普通はプレゼンが始まると、パラパラとプレゼン資料を最後までめくってしまう場合が多いが、ユヌスさんは僕のペースに合わせ、一枚一枚、丁寧にプレゼン資料をめくられた。

そもそもユヌスさんと個別面会できるなんて夢にも思っていなかった。しかし同時に、このユヌスさんとの出会いに、何か運命的なものを感じていたのも事実だった。

ユヌスさんとお会いした日は、奇しくも父の誕生日の前日だった。僕の長年の夢がかなっただけでなく、さらにこのあと、ユヌスさんとの合弁会社設立へと僕の人生は大きく舵をきっていくことになる。

ここで、『80億人起業家構想』というタイトルについて、ひとこと触れておきたい。

これは、ユヌスさんの考えを僕なりにシンボリックに表したタイトルで、ユヌスさんがこう言っているわけではない。ユヌスさんには、貧しい人たちを少しでも経済的に補助し、彼らに就業の機会を与えるという考えがある。しかし、ユヌスさんが目標にしているのは、単に就業支援だけではない。

彼らが経済的に自立し、自らの手で起業するところまでを目標に据えているのだ。その考えを象徴的に言葉にしたものが、『80億人起業家構想』というタイトルとなった。

ユヌスさんは、こう述べている。「人間は働くために生まれてきたのではない。そもそも誰もが起業家になるために生まれてきたのだ」と。

このタイトルに僕が託した思いは、世界中のすべての人がやりたい仕事で自立し、生まれてきた目的を果たしてほしい、という願いなのだ。

こんな僕の人生を導いてくれたのは、両親から受け継いだ資質のお陰でもあり、尊敬する人生の師、稲盛和夫先生、天明(てんみょう)茂先生のお陰でもある。そんな背景も含めて、僕の生い立ちからストーリーを始めたいと思う。

この本は一人の人物、それも、年齢も離れ、生きている場所も遠い人物が、いかに人の人生を変え、その人の周囲の人々の人生も変えることができるのか、という物語だ。その物語は今も続いている。

経営者、起業家、学生、また高校生や中学生にも本書を手に取っていただければ幸いだ。僕の破天荒な生き方が、少しでも皆さんの希望になり、世界を変える動機になってもらえればとてもうれしい。

80億人 起業家構想　目次

第一章

ソーシャル・ビジネスの遺伝子

1　五人兄弟の長男

父の起業

僕は一九七五年九月に五人兄弟の長男として生まれた。当時父は二十代後半で起業準備中だった。僕のあとに三人の妹が生まれ、いちばん下がまた男だ。生まれは横浜（新吉田町）。うろ覚えだが、地元の農家さん（地主）の「離れの古い一軒家」を借りていた。僕が生まれた翌年、父は貿易会社（当時の会社名「タイショー」）を起業した。

父が若くして起業したいきさつは、それまで父が勤めていた貿易会社が倒産し、当時の社長が大学卒業したての若い父に、もし起業するなら、事業を継承してもいいと言ってくださったと聞いている。「人生、人との出会い」は僕の信条であるが、現在のサンパワーの元にはこの方の存在がある。

僕の幼いころの記憶だが、家の二階の三畳くらいのスペースで、父は毎晩遅くまで、時には朝方まで仕事をしていた。鶏の声を聞いて慌てて寝床に入ったと、後によく聞いた。社名の「タイショー」は、父は否定しているが、将来てっぺんを狙いたいので、その名前をつけたのだと僕は思っている。母はこの名前が恥ずかしくて嫌だったらしいが、僕が高校生のときに変更されて、今の「サンパワー」になった。ひまわりの好きな父が、尊敬している方につけていただいたという。

名前とは不思議なもので、会社の存在理由や経営理念が表れていると感じる。僕はサンパワーという社名は大好きで、太陽（サン）のエネルギー（パワー）は生きとし生けるものへの慈悲の働きであり、それが今は僕が継いでいる当社の存在理由だと思っている。

ところで僕は幼少のときから父に「文武両道」、「やるならトップを目指せ」ということを口をすっぱくして言われていた。なので「タイショー」とは間違いなく「大将」のことだろうと思っている。父らしく素敵な社名だ。

当時は貿易の輸出入の申請書類がいろいろ煩雑で、現在のように簡素化されていなかったので、専門知識が必要だった。それらの手続きの代行、海外営業の代行、通訳・翻訳などの請負いや代行事業が、タイショー創業の原点だったようだ。

僕が幼稚園のとき、両親が中古の家を購入して隣町の高田町に引っ越し、高校に上がったころ新築し直した。母は当時を振り返り、貿易の事業代行を任されている会社（自宅）

が古くて汚く、父が恥ずかしい思いをしたので、なんとか自宅の外に事務所を構えてあげたかったと言っていた。創業から両親は二人三脚で、母は五人の子どもを育てながら、努力を重ねていた。

創業十八年目くらいのころ、当時のお客様の一社に、千葉で自動車をリサイクルしている会社があった。自動車の各パーツを、当社経由で一手に海外に輸出していたが、その社長から父が「タイヤだけが唯一リサイクルされていない」という話を聞いた。当時、海外では、新品タイヤの買えない国がたくさんあった。社長はそこに目を付けて、「日本では古タイヤはどんどん廃棄してしまうから、中古のタイヤの輸出を始めたらどうですか」と父にアドバイスをした。父の中古タイヤのリサイクル事業は、そのアドバイスから始まったのだ。

父はもともと実家の農業を継ぐつもりで、北海道から東京農業大学に進学したが、アメリカへの一年間留学（農場ステイ）で、「こんな広い世界があるんだ」と感じ、それが人生の一つの転機となったようだ。実家の農業を継ぐことをやめて、海外と関係できる仕事を目指して、貿易の世界に飛び込んだと聞いている。息子の僕にも、本心は自分の会社を継いでほしいと思っていたようだが、父からは、「お前はお前の道を行け、好きな道を歩みなさい」とよく言われた。だから中学・高校時代、父のもとでアルバイトをしていたときにもまったく継ぐつもりはなかったし、父も自分の会社を継ぐようにという誘導はまったくしなかった。

父から受け継いだ職人気質

改めて僕自身のことを振り返ると、僕の実務能力は完全に父親仕込みだ。「書類は作品」という父の考えが体に染みついている。父は仕事には厳しくて、書類のチェック、形式、構成など、細部まで意味をこめて向かっていないと烈火のごとく叱られた。「プロは最低でも一〇〇点取らないと駄目だ」という世界を父の背中で学ばせてもらった。

父は書類をパッと見ただけで、その書類に気持ちが入っているかどうか、瞬時にわかってしまう。だから父は書類に気持ちが入ってないとわかると、すぐ突き返した。こういう父の仕事の姿に、プロとしての仕事のあり方や姿勢を学んだし、僕自身もこうした職人的な気質を受け継いでいるように思う。

僕が大変お世話になっている天明茂先生によれば、「自分には三代で親は十四人いる。その生き様を調べると、自分の人生で果たすべき使命・天命がわかる」という。天明先生は企業再生を専門にされた方だが、僕自身、父の創業以来の仕事をさかのぼることで、自分に備わった徳や資質をどう世の中の課題解決に役立てるかを考える一助になった。父方の祖父が服の職人と農業をやり、曾祖父も獣医だったためか、川村家の男性は職人の気質が強い。いかにこの職人気質を世の中に活かしていくかが、僕の大事な生き方になると思っている。

蛇足だが、東京農業大学で父が履修したのは、ブラジルなど南米の農業国の支援をテーマにしたコースだったらしい。僕が、発展途上国との間で中古タイヤ・自動車部品の仕事をし、その仕事を通じて、現地の環境問題や貧困層の若者の起業支援をしながら、その国々のために何かできることはないかと傾倒していくのも、父の血が僕に通っている証だと思う。本当にDNA（ファミリーヒストリー）とは不思議であり、自分の人生の過去、現在の立ち位置に「必然性」を感じざるを得ない。

母の影響

僕は少年時代のことはあまり覚えていないが、昔の写真を見ると、闊達で自分の発想を自由に表現する子だったと思う。小学校一、二年のとき、仮面ライダーやウルトラマンの格好を、いろいろな紙を切って勝手に作って遊んでいたようだ。

当時両親は、会社経営や五人の子どもの子育てで忙しいうえにお金もなかったので、今の子どもたちが買ってもらうようなものは、ほとんど自分の手作りで済ますことが身についていた。貧しかったのだ。家にはテレビもなく、母は一度使ったサランラップを干してまた使っていた。それぐらい切り詰めて、会社の借金や中古で購入した家の借金の返済をしていた。母は懸命に父の経営を支えていて、営業面は母が結構担っていた。父は職人気質のため対人関係は苦手で、好きなタイプと嫌いなタイプがはっきり分かれ、そこをフォローしていたのが母だった。

母は慈悲深いという言葉がよく似合う、優しい女性だった。僕がソーシャル・ビジネス（社会の課題をビジネスの力で解決していく）に傾倒していくDNAは母のお陰かもしれない。僕が記憶にある幼少のころから、母は困っている人を見ると、自分にできる最大限のことを施していた。一人暮らしのおばあさんを家に連れてきてはお風呂に入れたり、ご飯を食べさせたり、病院に連れていったり、献身的に動き回る母の姿をよく覚えている。

慈善活動にもかなり力を注いでいた。仕事のない週末には、自宅の最寄り駅で、赤い羽根共同募金やユニセフの募金ボランティアなどをよくやっていた。僕ら子どもも、母といっしょに駅前で募金ボランティアをやったことが多々あった。

母方の祖父は昔、政治家の指導をしたこともあったようで、生前、祖父の自宅に行くと、政治家と写った写真がたくさんあった。家の半分が神棚や仏壇で埋め尽くされていて、とても信仰深い人だったようだ。母が幼少のころ、当時はテレビがある家庭がまだ少ない時代だったが、祖父の家にはテレビがあり、近所の方を呼んで見せてあげたりしたそうだ。母の慈悲の心はその祖父から受け継いだのだろう。先祖を見ると両親がわかるし、両親を見ると、今の自分に備わっている資質もわかってくる。

変わった子

僕の幼少期は、正義感は強かったが、反面、集団にうまく馴染めないところがあった。今から考えると、いわゆる空気が読めないとか、少し感覚が変わっている、集団生活に向かない子だったと思う。僕は無邪気で個性が強く、周りと群れるのも好きではなかった。スポーツは好きだったが、みんなで輪になって何かをしましょうということには興味をもてなかった。意見を求められても、周りとは異なることばかり言っていたので、小学校時代は、先生や友達からは異物を見るような目で見られていた。

正義感が強いのは母親譲りで、周囲から浮いてしまうほど正義感が強かった。中学校時代、小学校からいっしょだった同級生に不登校の子がいて、毎日ではないが学校に行く前に、この子の家に寄って、「今日いっしょに行こうよ」と誘ってから登校していた。そうするとたまに学校に遅れることもあり、周りからは、「川村、勝手に不登校の奴の家に行って何かやってるな、かっこつけてるんじゃないの」みたいな目で見られた。これはただ母親から「拓也行ってあげなさい」と言われたからそうしたのであって、クラスの中では一人だけ違う行動をとっていたが、僕には自然なことだった。

僕は、人への優しさ、自分より困っている人へ優しさを示すということを、母の背中を見て自然に学ぶチャンスがあった。本当にラッキーだったと思う。

こういう生い立ちが、まさに僕がソーシャル・ビジネスに傾倒していく必然性を生んだのだろう。当社の経営理念の一つである「一人でも多くの就労困難な方を採用させていただく」ということの原点になっている。

僕の尊敬する稲盛和夫さんは「才能を私物化しない」と教えてくださった。才能、すなわち、自分がもっている資質は両親から受け継いでいるので、努力をすれば他の人より伸びる。だからその才能を自分のために使うのではなく、世のため人のために使うことが大切だという教えだ。

つまり今の自分の資質（ＤＮＡ）は両親やご先祖様から受け継いだものであり、それをどのようにして社会や世の中の問題解決のために活かしていくか、それこそが自分の人生であり、企業経営の目的そのものであるということだ。

2　失敗続きの受験

文武両道

父の指導方針は文武両道だった。僕は小学校二年から地域の少年サッカーチームに入っていて、父からはとにかく一番になれ、レギュラーになったら見にいってやると言われた。レギュラーになったときには、本当に毎週末、サッカーの練習や試合を見に来てくれただけでなく、父は少年サッカーの正式な審判員の資格も取得してくれた。少年サッカーはずっと続け、僕のチームはほぼ負け知らずだった。

小学五年の終わり頃、父から「近くに慶應義塾の中等部があるから、受けてみろ」と言われ、無料の模擬試験を受けたところ、まったく歯がたたず、大きなショックを受けた。普段、学校でやっている勉強とは全然違うレベルだった。文武両道を父に言われていたため、勉強ができないことに本当に悩み、サッカーはやめて塾に入り、一年間受験勉強に没頭した。しかし慶應義塾の中等部にはあっさりと落ちてしまった。

学力がまったく足りていなかったのだ。それはもう非常にショックだった。子どもはやはり親を喜ばせたいもので、試験に落ちた悔しさと親を喜ばせなきゃという思いが無意識のうちに働いたのか、中学時代は慶應高校に入ることを目指してほとんど受験勉強に費やした。中学の三年間はスポーツもほとんどやらず、ずっと塾ばかり。あのスポーツばっかりやっていた川村が何もしてないみたいな言われ方もした。

そして受験。慶應高校の日吉（神奈川）と志木（埼玉）、それに早稲田と千葉の市川高校を受けたが、結果、市川高校だけ合格し、千葉に通うことになった。

父の思いに応えることができなかった無念さと情けなさで二、三日ショックで起きられなかった。ただそのとき、よくは覚えていないが、父は慰めてくれたと思う、僕が頑張っている姿を見てくれていたのだろう。母も受験に失敗して悲しんでいる僕と一緒に悲しんでくれた。

思い返せば、中学時代は本当に受験勉強に明け暮れた毎日で、不本意ながらガリ勉に徹し、やりたいことを考えたり、個性を発揮するような時間をもつこともなかった。

それだけ頑張っても一校しか受からなかったのは、焦るばかりで勉強の仕方や取組みの姿勢に問題があったのだろう。方法論もあまり考えず、量ばかり。とにかくたくさん解いて、量をこなすことで安心していたようなところがあった。計画的に効率を考えてやったかやらないかが、受かる人と受からない人の分かれ道なのだと思う。

受験生時代の僕の勉強方法はあまり良くなかったが、目標を決めたら真面目にコツコツやっていくという姿勢だけは、今も変わらない。小学校、中学校での受験の失敗経験はとても悔しかったけれど、負けず嫌いの性格から「絶対やってやる」という気持ちになれたことは、今の仕事にもそのまま生きている。

新しい事業を興すときにはいろいろな問題が出てきて、心が折れそうになることもあるが、父から受け継いだ反骨精神というか、なにくそ根性というか、それが自分の資質にも入っていて、ムクムクと動き出すのを感じるときがある。

今、冷静に考えると、自分の過去には必ず何かしらの意味があったように思う。親から受け継いだ資質も、世のため人のために活かすためにあったわけで、そこには何かしらの必然性を感じる。

こんなことからも、自分の過去の出来事や親・先祖の生き様には、自分が将来どう世のため人のために生きていくかのヒントがぎっしり詰まっていると改めて感じている。

個性を生かす

高校時代は、受験勉強ばかりで暗黒だった中学時代に比べればとても楽しかった。あれほどやって志望校に入れなかったのは、やり方が悪かったのだと納得するところもあって、しばらくはほとんど勉強をしなかった。

それでサッカー部に入ったものの、スポーツ推薦で入ってきた人たちばかりだったこともあり、体力的についていけず、半年ぐらいでやめてしまった。ただそのとき、小学校時代はずっと負けなしでやってきたという思いもあったので、なにくそという思いが湧き上がって、自分でトレーニングを始めて、自分でサッカーのチームを作った。

高校時代の自主練は、毎日のように夜になると外を走り、とにかく中学の三年間で落ちた体力を取り戻すことに専念した。これも反骨精神の現れだ。こういう経験が、成人してから新規事業を興したり、起業をしたりする土台になった。

僕の場合、子どものときの自由闊達な自分と、片や高校受験を焦りまくってガリ勉で失敗した自分、全然違う二人の自分がそこにいる。海外の人たちを相手に仕事をするには、自分の個性を前面に出して相対することが普通だが、日本だと逆に個性的すぎるとちょっとおかしいと思われる。その人の個性であるにもかかわらず、何でも病名をつけてしまうようなところすらある。だから自由闊達な僕は海外を舞台に仕事をするのは非常に楽なのだ。外国人とのコミュニケーションは決して得意ではないけれど、僕が誰とでもいい関係になれるのは、変な常識にとらわれず個性を素直に出せるからだと思う。閉鎖的な日本に比べ、海外は多様性を受容してくれるので、僕の個性である自由闊達さはとても役立っている。

3　海外への憧れ

ホームステイ体験

高校一年の夏、「この機会に行ってこい」という父の勧めで、アメリカへホームステイに行った。父が常に海外の仕事をしていて、家にいろいろな外国の方が来ていたので、僕自身も外国と関わりたいという思いが芽生えていた。

ホームステイ先はアメリカのミネソタ州。ホームステイの前後に東海岸・西海岸のツアーも組まれていて、いろいろな所を見て回った。こんな世界があるんだ！という強烈な経験だった。僕の幼少期は貧しく食べ物に困ったこともあったが、アメリカでは夜になったら食事と一緒にポテトチップスも出てきたりする、そんな異文化と直面して大きなカルチャーショックを受けた。

五感で感じるものがすべて日本と違う。高校一年生の僕にとっては刺激が強烈過ぎて、帰国したあとすぐ留学したかったぐらいだ。僕は親からこういう学びの機会をもらい、本当に感謝している。

実は自分の息子にも同じような体験をさせたいと思い、長男が中学二年の夏休み、骨折してサッカー部の試合に出られないでいたので、モンゴルへの出張に連れていった。やはり大きな刺激を受けたらしく、今は高校一年だが、二年になったら早くも一年間の海外留学を目指すと言っている。僕が息子にそういう機会を設けてあげられたのも、父のお陰だ。改めて深く感謝したい。

大学は京都に

高校を卒業すると京都の同志社大学に進学した。もちろん慶應大学も受けたが、またもや落ちてしまった（笑）。高校三年のとき父から「同志社という大学が関西にある。安平町（北海道の父の生まれ育った町）のいちばん頭のいい奴が受けていたからお前も受けてみろ」と言われた。それで受験したら、受かって京都に行くことになったのだが、そこで妻と出会うことになる。僕の重要な人との出会いは、直接間接に父の導きでもあるとつくづく思う。

大学五年（一年余計に行っている）のとき、ヨーロッパを旅行した。卒業旅行みたいなものだが、イギリスに語学留学していた彼女（今の妻）を追いかけていったのだ。そのとき、彼女と日本食レストランに行ったら、隣に駐在員らしい日本人のご家族が食事をしていた。聞こえてくる話では、ご主人がドイツかフランスへの出張からイギリスに戻ってきて、その日の夜、家族で食事をしていたらしい。これは僕にとっては衝撃だった。イギリスに旅行するのも僕にはいっぱいいっぱいなのに、この方はイギリスという異国に家族で住んでいて、なおかつそこから周辺のいろいろな国々に仕事で行っている。

すごく憧れた。僕は将来、何をやりたいか決めていたわけではないが、とにかく海外

家族７人で山中湖に旅行。中央が大学生の著者。父、弟と

に住んで海外で仕事をしたいという意識が、胸の中にスパッと入ってきた。自分の目指すキャリアが海外駐在になったのは、その体験がきっかけだった。

英語の素地

大学を卒業する前の約一年間、当時まだ費用の高かった衛星放送契約を付けて、アメリカのCNNとイギリスのBBCを毎日浴びるほど聴いた。それから英字新聞を読んだ。当時、いちばん安かったDaily Yomiuri（一七〇円くらい）を買って、一面だけ音読することにした。経済学部の勉強はあまりしていなかったが、将来海外に行くなら、効果はすぐには現れないけれどもこういう愚直な英語のトレーニングがいちばん身につくと先輩に言われ、それを一日も欠かさず続けた。大学の五年目はたっぷり時間があったのだ。

このトレーニングは、のちに会社に入ってから、英語のスピーキングで大変役立った。単なる教科書とか参考書の勉強ではなくて、最新の生のニュースを音読するのが効果的だった。音読のあと、同じような国際ニュースをＣＮＮやＢＢＣで聞く。同じニュースだから耳に入りやすいのだ。

これは若い学生やビジネスパーソンにはとてもお勧めの英語学習法だ。サッカーのリフティング、剣道の素振りのような、いわゆる「基本所作」。この基本所作は時間がかかり上達が見えにくいが、実はこの基本トレーニングは長い目で見るといちばん効果がある。

僕は英語の資格は何ももっていないし留学経験もないけれど、この英語の基本トレーニングのお陰で、三十代初めのころには、海外での交渉や国際会議など、どこでもプレゼンがうまくこなせたし、国際的な場でのコミュニケーションで多国籍チームを引っ張る立場に立つことができた。

大学時代、もう一つ特筆すべきことは、父の本棚にあった稲盛和夫さんの著書との出会いだった。こんな大企業の一流の方が、仕事は金儲けのためではなくて世のため人のためにあるものだと書いておられ、なんて素晴らしい方だと感銘を受けた。その後、社会人になってからは、稲盛さんの『生き方』という著書をいつも食卓に置き、迷ったり課題にぶち当たったりしたときは、その本を手にとり、自分の進むべき道の指針とした。僕の人生において、非常に大きな影響を受けた稲盛さんとのファーストコンタクトは、実は大学生のときだった。

大学ではサッカーにあけくれて、他のことは特に何にもしてなかったが、社会に出たら、世界で活躍したいという思いは強くあった。ところが妻（当時の彼女）は、スポーツだけしてあとは怠けてばっかり、アルバイトしても平気で遅刻していた僕のことを、この男は大学を卒業しても働けないのではないかと思ったらしい。僕は大学を出て何年かしたら結婚するつもりでいた。事実、勤めて二年後に海外（ドイツ）駐在になったので、それを機に結婚し、現在に至っている。

第二章

僕のビジネス前史

1　商社勤務、そしてドイツへ

大阪の商社に入社

就職活動をするなかで、一社、ベンチャー気質を感じさせる血気盛んな商社（今は一部上場）があった。三十歳になったら男性はほとんど全員海外駐在になる、というところに魅力を感じ、その商社を受けることにした。大手商社の場合だと、いつまでたっても先輩についていくだけで自由にできないし、いつ海外事業に配属されるかわからないからだ。

営業の役員に同じ同志社大学出身の方がいらしたことも縁になって入社が叶い、その方のもとで多くのことを学ばせていただいた。入社したのは一九九九年四月、僕が二十三歳のときだった。

配属されたのは大阪本社の事業部で、業務は日本企業の海外事業開発をサポートすることだった。おもに北米と欧州市場を担当しながら、とにかく早く海外に駐在したいという思いで懸命に仕事をした。赴任先の国はどこでもよく、海外駐在できるということだけが望みだった。

ある大手企業が、ヨーロッパの自動車関連の業界に参入したいということで、新人の僕が任されることになった。当時はだいたいヨーロッパが先に開発し、量産化できるようになると、それをアメリカと日本の自動車メーカーが後追いするというのが普通だったので、売り込みでヨーロッパの企業に採用されるということが大事なことだった。そんな新規の開発営業に挑戦することになったが、一年半くらいしたころ、その会社から「川村君をそのままヨーロッパに駐在させてほしい」というオファーが来た。

思いがけぬ海外駐在

入社一年半での欧米への駐在辞令は最年少記録だったらしい。当時、海外駐在のプロセスでいうと、まずアジアで工場や現場経験を充分に積んでからアメリカやヨーロッパへ赴任するというのが出世コースだったが、僕はいきなりドイツに行かせてもらった。本当に夢のようだった。

大学のときはサッカーと遊びだけだったが、会社に入ってからは一転、一旗揚げてやろうと集中したのが良かったのだろう。大学のときに読んだ大前研一さんの本に、「生意気に思われてもいいからとにかく自分で手を挙げて企画書を書け、入社してから三、四か月以内に二つ上のポジションの役職の気持ちになって企画書を書け」とあったのを実行した。

自分で言ってやらなかったら信用されないから、自分で言ってから実行した。できなかったら「こいつ勝手なこと言って」となるからだ。僕は、言って実行する有言実行のほうが好きだったし、そのリスクが自分を成長させたと思う。上司から許可をもらえれば自分一人で大手企業とのミーティングに行くようになり、一年目の後半からは、それが自分の稽古だと思って大手の商談には一人で行くようになった。このような能動的な姿勢が上の人たちに認められたのだろう。同じ大学出身の役員の方や、営業部長さんらにとても良くしていただき、信頼を得ることができた。人に恵まれているとつくづく思った。

こうして僕は二十代前半でドイツに駐在する機会を得、日本の大手企業の新市場開拓を手掛けることになったわけだが、楽しくて仕方なく、仕事をしているという感覚はまったくなかった。経験はなかったけれど、現地の人には、「この日本人、やたら楽しそうにはしゃいでやっている」というふうに見えたはずだ。少年のように元気一杯で毎日仕事をしていた。

こういう天真爛漫さや熱意が現地に受け入れられたと思う。日本では「なんだ、お前みたいな若くて経験もないのが」と言われてしまうが、海外ではそれがまったくなかった。周囲の環境に助けられて、僕は水を得た魚のように仕事に没頭した。

ドイツを拠点にいろいろな国に出張し、さまざまな国の方といっしょに仕事をした。英語が母国語なのはイギリスだけで、基本的に英語が第二外国語の者同士が仕事をいっしょに進めていくので、ドイツ駐在中に今でいうところの「多様性の理解」の経験を積むことができた。日本人、フランス人、ハンガリー人など、人種も国籍も言語も違う人間同士がいっしょにプロジェクトを進めていくのだから、それは当然のことだった。

英語は彼らとの共通言語だったが、きわめて論理的なので、文化、宗教、言語などが異なる者同士が一緒に仕事を進めていくには、非常に有効な言語ツールだった。僕は日本語で話すより、英語で話すほうが仕事が進めやすくて心地良かった。

大手日本企業のヨーロッパ事業開発責任者のような役割だったので、自分の失敗は許されない環境に身を置いていた。だからどうしたらうまくいくかということしか考えられなかったし、うまくいく方法を突き詰めていくことだけしか頭になかった。ネバーギブアップの精神でなんとかして道を探ろうとしていた。今思えば、この経験が良かった。とにかく若いうちに責任あるポジションにつくのはいいことだと思う。

二度目の挫折

ドイツでの仕事は順風満帆だったが、このあと、僕は人生二度目（一度目は中学、高校、大学と慶應受験三連敗）の挫折を味わうことになる。ドイツの法人の社長のいじめにあったのだ。駐在員一人ひとりを順番にターゲットにする、まさに今でいう「いじめ」だった。五、六人いた日本からの駐在員を順番にいじめていき、いちばん若い僕は最後にいじめられた。出張は全部禁止とか、もう行かなくていいなどと言っていじめにかかるのだ。

今思えば彼も単身赴任していたし、少し根が暗い性格だったので寂しかったのかもしれない。でも当時、僕は若かったし、人間としての器もまだしっかりできていなかった。彼の内面や個人的事情などまったく理解できないし、理不尽ないじめは正直たまったものではなかった。

当時はフランスやイギリスやハンガリーなどいろいろな国を飛び回っていて、出張が許されなければ仕事が進まない。商社の営業マンが事務所にずっと籠もっているようなものだ。大事な商談にも行かなくていいといわれ、そうすると業務に支障をきたしてしまい、日本の会社にも迷惑をかけてしまう。とうとう我慢も限界に来て、もう辞めてしまおうと思いつめた。

あとになって冷静に考えれば、自分のコミュニケーション能力不足などにも問題があったとは思うが、そのときは後先考えず感情に任せて退社の意向をドイツ法人の社長に伝えた。日本からドイツに駐在していた日本人の先輩に慰留されたが、退社の意向を取り下げることはしなかった。

上司との関係で納得できないことだけしか頭になく、同僚や僕を信頼して応援してくれた日本の方々のことまでは気が回らなかったのだ。やはりまだ若かったのだと思う。海外駐在の途中で退職の話をするのは、日本の企業では御法度だ。期待されて、レールに乗って行かせてもらった挙句に、現地で辞めてしまうというのは業務放棄に違いないが、もう引き返すつもりはなかった。

失意の一か月

日本に帰国すると、本社で退社手続きをしてから取引先に挨拶に伺った。ある会社の技術者からは「川村さん辞めないで」と泣きつかれてしまった。しかし、そのときの僕はそんな涙も理解できない自己中心的な人間だったのだ。

こうして僕は無職になった。住む所も当然ない。当時の妻の気持ちはわからないが、妻はただただ僕に付いてきてくれた。僕の自分勝手のために、妻には悲しい思いをさせてしまったと思う。

実家のある横浜に戻ると、一番上の妹のアパートに転がり込み、一か月くらい住まわせてもらった。一か月くらいは何もできる状況ではなかったので、心の整理をしながら次のことを少しゆっくり考えようと思った。

その間、ハローワークに妻と行って、失業保険の申請を行った。ようやく現実が目に見えてきたのは、日本に帰国してから二、三週間くらいたったころだろうか。「今までヨーロッパを飛び回って、日本の大手企業のヨーロッパでのビジネス開発を請け負って活躍していたこの僕が、ハローワークに失業手当を申請している。なんてみじめだ。なんて妻にかわいそうな思いをさせているのだろう。今、僕は無職なんだ」と。

普通、駐在員の奥さんなら、かなり優雅な生活ができる。ドイツに駐在して楽しく暮らしていた妻を本当に悲しませてしまった。「ああ、僕は地の底まで行ったな、落ちる所まで落ちたな」と思った。

2　外資系勤務、そしてアメリカへ

思いがけぬ評価

それから僕は頭を切り替え、これもいい経験だと思うことにし、再就職を目指していろいろな会社を回ることにした。コンサルティングや大手の製造業にも行ったが、結局、日本の会社にはどこも入れなかった。おそらく「君がやってきたことは素晴らしいけど、経験が少ないし、またすぐ辞めるんじゃないか」と思われたのだろう。

そんなとき、ある人材派遣会社から外資系の会社の話をいただいた。なぜか評価が高かった。二社受けて二社とも来てくださいと言われた。給料の金額を見てびっくりしたのをよく覚えている。まだ三十歳にもなっていないのに四十万円近い。当時はあり得ない金額だった。前職の商社では二十二～二十三万円くらいだった。日本の企業でも三十歳で三十万円ももらえない会社が多かったように思う。

いずれにしても、日本の企業で働くよりも外資系のほうが、僕には肌が合った。そのうち一社は、僕がヨーロッパで駐在しているときに売り込みをしたことがあった会社だった。当時、世界第二位の自動車部品メーカー（フォード系列）で、そこの従業員がとても優秀だったのを覚えていたので、こういう優秀な従業員がいる会社で働きたいと思い、この会社のアジア本部（横浜）で働くことにした。二〇〇二年十一月、僕は二十七歳になっていた。

そこはもともとフォードの自動車部品事業部で、この事業部が独立（スピンアウト）してできた会社だった。フォードの部品はフォード以外の自動車メーカーにも販売していて、僕は当時、日産・ルノー向けのビジネス開発を担当していた。

働いてみて感じたのは、外資系というのは、僕のような尖った人間を使うのが上手だということ。尖った人間を手なずけるのが上手な上司（ビジネスリーダー）が多い。多様性に対する受容力があり、尖った者同士が一つのグローバルチームを組んで仕事をし、プロジェクトを進めていく。これはめちゃくちゃ刺激的だった。

三度目の挫折

万事が順調に進んでいると思った矢先、僕はここで、「三度目の人生の挫折」を味わうことになる。入社して一、二年したころ、突然バセドウ病を発症したのだ。じっとしていても、走っているときのような汗が出てくる。まともに働ける状況ではない。車を運転していても、激しい動悸に襲われることがあり、そんなときは一時停止して動悸が鎮まるのを待った。

ドイツ駐在中に商社を辞め、無職になり、再就職した外資系で頑張っていい仕事を始めたと思ったら、今度は病気になって……。「人生って何だ、どうなってるんだ?」。僕は何のために一生懸命頑張っているのだかわからなくなってしまった。この「因果」は何なんだろう、と。

何かがおかしい、だから仕事だけしていても駄目だ、人生ってどうなっているんだろうということを突き詰めざるを得ないくらいに、追い込まれた。無職のときに味わった、地に叩きつけられたような感覚に再び襲われたのだった。

救いを求めて、稲盛和夫さん、中村天風さんの著書や、致知出版の出版物をはじめ、東洋思想の書物を手に取るようになった。

これらの本に共通して書かれていたのは、目の前に起こることは「自分の心の反映」だということ。すべては「自分の心が引き寄せている」という。僕はこのことを受け入れざるを得なかった。どん底に落ちた感覚でいたので、稲盛和夫さんらの言われることを受け入れるほかに選択肢はなかった。落ちるところまで落ちているのだから、これは天の神様が、若いうちに僕という男に「心の謙虚さ」とか「心のあり方」をわからせるために、ドイツで会社を辞めさせ、病気にもさせて、というふうにしてくれたに違いない。

仮に僕が普通の状態で東洋思想の本を読んでも、あまり身体には入ってこなかったと思う。少し傲慢な川村を一回地に叩きつけて、もう駄目なところまで落として現実に直面させてやれと、天（宇宙）が用意してくれた状況だった、そう思えば納得がいく。

一生懸命仕事したからといって、人生の幸せと直結するわけではない。「人生と仕事と心のあり方」を勉強しないと駄目なんだというのが、病気になって否応なく気づかされたことだった。

アメリカに逆出向

人生三度目の挫折は味わったが、再就職で入った外資系の会社では、時代も良かったのか次々に仕事を取ってきたし、病気のことを除いてはことごとく成功した。最年少で業績ナンバーワンになり、受注金額からすれば自分の能力を超えていたとすら思える。そんな仕事ぶりが会社に認められたのだろう、普通、駐在というのは本社から海外の支社にするものだが、僕は日本法人からアメリカ本社に「逆出向」する機会を得ることになった。

これは珍しいケースだった。特に営業職とかビジネス開発職で海外子会社から本社に駐在というのは極めて稀だ。「川村君、キャリアの一環として本社へ出向してアメリカ人をまとめて来なさい」と言われた。上司（日本法人社長）にも恵まれ、「グローバルリーダーとしての物事の考え方や思考プロセス、視野の高さ、広さ」を教えていただいた。

このころから現在の僕の信条である「人生は人との出会い」ということを少しずつ感じ始めていった。仕事の成功も素晴らしい上司との出会いも、当時はただただうれしいだけだったが、今振り返るとすべてに意味があったように思う。自分の能力を超えた結果を出すことで、そこに何か意味があることを考えなさいと天が僕に宿題を出してくれたという感じだった。

東洋思想に触れたこともあって、良き人に出会ったことは、僕の努力だけでなく、僕の両親やご先祖様が「良き徳」を積んでくださったお陰。その徳が僕に廻ってきて、良い方と出会えている。だから自分も少しでも徳を積む生き方をしなければならないし、出会った良き人のご指導や導きに感謝し、「川村拓也と会って良かった」と言っていただけるような生き方をしなければならないと強く思うようになった。

前述したバセドウ病は、アメリカ駐在の時期には不思議なことに、治まっていた。余談だが、僕がアメリカに渡る前に僕のバセドウ病を診てくださった主治医の先生は、僕がアメリカ駐在中、現地で月一度くらい血液検査をしたデータをＦＡＸで送ると診てくださった。これは完全なるボランティアでしてくださったことであり、先生のご厚意には深く感謝している。

アメリカ本社勤務が決まった三十歳のころ、父親と久しぶりに昼食をとったことがあった。珍しく会社のことで父が「拓也、もう継ぐ人間は社員にはいないから、自分の代で会社をたたもうと思う」と言った。社員は大事だから、いきなりではなく、六、七年かけてゆっくり閉じる方向に向かうつもりだと。「ところでお前は今、何をしてるんだ」という話になった。そのときに父とどんな話の流れでそうなったかは覚えていないが、アメリカ本社勤務のあと四、五年して、三十代中頃になったら、父の会社に入社させてもらうという方向性だけを決めて、僕はアメリカに渡った。

逆風の一年

アメリカに渡ったときは、米系自動車業界が大不況の真っただ中だった。上場企業だから三か月に一回決算をして、業績等を株主に報告する。でも四半期決算の内容は、もうリストラの報告だけ。お客（自動車メーカー）にこの注文を断ってくれとか、次々と難題を振られて社員の多くは疲弊しきっていた。

そんなときだから、なぜ日本から高い駐在費用をかけて僕を送り込んで来るのか、といった雰囲気も社内にあった。何もアメリカのことを知らないのに、しかも自分たちの上司としてという反感みたいなものを感じて非常につらかったが、その二年間は、自分の志や哲学を磨くいい経験になったと思う。

初めの一年間は本当につらかった。自分のデスクの卓上カレンダーに一日が終わるとバッテンの印をつけて、一年が早く終わらないものかと、いつも考えていたほどだった。僕をアメリカ本社に行かせたけど仕事ができなかった、ということでもいいから、とにかく日本に帰してほしかった。僕を推薦してアメリカに送ってくださった日本法人の社長にも申し訳ないし、家族といっしょにアメリカに来ていることもあり自分から辞めることはできなかったので、いっそ仕事ができないからという理由でクビになったほうが楽だと真剣に思い悩んだ。それくらい追い込まれていた。

その一年間は確かに苦しかったけれど、今になってみると自分と向き合うとても良い機会にはなった。岡本太郎の著書『自分の中に毒を持て』（二十代後半のころに通っていたビジネスクールの会計の教授にこの本を薦められた）を毎週読んだ。この本は、現在までに三百回は読み返していると思う。

資本主義の正体

同僚が白人ばかりの中で、日本人がマイノリティーであることの現実を味わうこともできたし、この中でいかに這い上がり、自分を鍛え、グローバルチームに認めてもらうかという経験もできた。国際ビジネスコミュニケーション能力は、このアメリカ駐在時代、格段に上達したように思う。苦労は金を払ってでもしろ、という言葉があるが、本当にそうだ。

僕は海外駐在の機会がなければ海外でＭＢＡを取ろうと思っていたが、ＭＢＡ取得のための二年間より、外資系のアメリカ本社で自分がプロジェクトリーダーとして過ごした二年間のほうが、比較にならないほど中身の濃い経験ができたと思っている。ＭＢＡは机上のビジネス経験だが、実際のビジネス経験はリアルな責任の伴う世界だからだ。

僕はそのアメリカ駐在時代に、いわば「資本主義のなれの果て」を見る機会をもった。アメリカの資本主義とはこういうものだったのか、と如実に知ることができた。教育も会社の仕組みも全部、一部の人が裕福になるために作られているのがよくわかった。

ＭＢＡは転職のための手段だし、上司へのイエスマンと社内プレゼンを無難にできる人材の養成機関になっていると僕には見えた。地アタマが優秀な人材が外資系の勤務先にも山ほどいたが、彼ら彼女らの人生の幸せと、学歴・経歴・仕事の成功はリンクしていなかった。人材は「経営の道具」だとすら感じた。

社会のすべての仕組みが一部の裕福な勝者に利するように、ピラミッドのようにガッチリできているのだ。アメリカの会社で働くこと、本社で働くことによって、それを知る経験をすることができた。

ユヌスさんの本と出会う

そんなとき読んだのが、ムハマド・ユヌスさんの著書『貧困のない世界を創る』だった。利益の追求が仕事の目的ではない。ピラミッドの底にいて貧困にあえぐ人たちを、そこから救い出す手助けをすることがビジネスの目的で、利益はその手段にすぎない。その考え方に、僕はものすごい衝撃を受けた。同時に、これが本物、真理だ、という直観を得た。

しかし上場企業で仕事をしている限り、ユヌスさんの考え方はなかなか実現できないと思った。資本主義社会は到底これを受け入れないだろうからだ。でもこの考え方を知ったとき、「お前が人生をかけて取り組め」と言われたような気がした。「お前は、これまでの経験でだいたいアメリカ型資本主義のことはわかっただろう。ここまでお前を成功させた理由もそういうことなんだ」と言われているような気がしたのだ。

今までの出来事や経歴は、僕に資本主義の限界を体験させること、そして、僕を発展途上国の貧困問題、ひいては世界の平和に目を向けさせ、ソーシャル・ビジネスに取り組んでいかせるためにあったのではないかと思うようになった。両親が創業したサンパワーもおもに「発展途上国」と仕事をしていた。ここで僕の人生の因果が、見事につながったと思った。

『貧困のない世界を創る』を読んだのは、今から十三、四年前になるが、そこには赤字でたくさんの書き込みがしてある。「サンパワーに入ってバングラデシュに進出するときは、ムハマド・ユヌス先生のグラミン・グループと合弁会社をつくる。ただつくるだけじゃなくて、大手上場企業はなかなか受け入れてくれないだろうから、家業を継いだ自分が現地でユヌスさんと合弁でソーシャル・ビジネス・カンパニーをつくることによって、日本だけでなくさらに世界を啓蒙していくこと」というようなことも書いてあった。

当時も今も、天（宇宙）が自分に「これはお前の人生で果たす課題だよ」と示してくれたとしか思えない。

でも正直なところ、それは夢のまた夢で、ノーベル平和賞を受賞された人物とお目にかかる機会すら訪れるとは到底思えなかった。人生は不思議なものだ。後にその「想い」が通じたのだから。まさに稲盛和夫さんに教えていただいた「心のあり方」どおりだった。

僕は三十三歳でアメリカから帰任した。当時、アメリカ本社に続いてアジアの日本法人もリストラ旋風の真っただ中だった。ポジション争いやレイオフ（解雇）の嵐。僕が日本に戻ったら部下になる予定だった人間もリストラの対象だった。僕はなんとか彼がリストラされないようにと上層部に懇願したが、結局それも叶わなかった。

同時に僕の仕事に対するモチベーションも急激に下がっていった。

アメリカ本社勤務経験で、外資系企業のやり方もわかっていたので、そろそろサンパワーに移るタイミングかなと思った。

アメリカ本社時代も同僚や部下がリストラの嵐に遭い、事業や拠点の切り売りがなされた。M＆Aとは聞こえのいい言葉だが、業績不振の会社が切り売りされるということだ。

この日本法人もリストラが続くと思うと、会社へのロイヤリティー（忠誠心）も急激になくなっていき、サンパワーで頑張っていきたいという気持ちに変わっていった。三十歳のときに父と約束を交わしたことも覚えていた。

海外で得た経験

商社や外資系の会社に籍を置いてドイツやアメリカで勤務したことは、僕にはとても良い経験になった。世界中の拠点とチームを組んで仕事を進めることで、「グローバル観」が醸成された。たとえば、スペインの工場でタイの技術者を相手にアメリカ式の営業をかけ、顧客との折衝は日本でやるといったような感じだ。グローバルなチームを率いていかなければいけない。

僕はそのリーダーをずっとやっていたので、国籍の違う人たちを、国籍だけで区別するような感覚がまったくなくなった。国籍や肌の色が違っても、皆自分と「同じ人間」なのだ。こういう国際経験は、海外出張ではわからない。実際にその国に住まないとわからないと思う。

アメリカの場合、仕事の生産性は非常に高い。異文化の人たちが集まって仕事をするから、文化の違いや考え方の違いで仕事が滞ったりするのは排除しなければいけない。だから、経営の仕組みとして仕事がものすごく合理化されている。「見える化」がすごい。仕事の進捗も、段取りも、分単位でスケジューリングされている。その結果として、仕事の生産性が上がるわけだ。

同時に、家族を第一に考えているので、家族のために仕事の終わる時間も徹底している。だから、その日の決められたスケジュールはその中で絶対にこなし、成果を上げなければならないという雰囲気がとても強い。

良い悪いは別にして、日本はあまりそうなっていない。会議も仕事の進め方もそうで、主観のほうが入りすぎて客観性に乏しく、仕組み化がまったくできていないから、結果的に仕事の終わるのが遅くなる。アメリカ人やヨーロッパの人たちは、仕事ができる人ほど仕事を終えるのが早い。

一方で、アメリカでは企業はいつも株主のほうを見ているから、目標を立てるときもそのスパンがすごく短い。マネージャーでもスタッフでも、短期間で結果を出さないと、すぐ終了の笛を鳴らされてしまうような感じ。その点は少し日本と違う部分がある。

同じアメリカの大企業同士でやるのなら、共通認識があるからまだましだといえる。しかしこれが異国の企業、たとえば日本企業やほかのアジアの企業がお客様と思ってやる場合は、考え方の時間軸が違ってくる。外資系の場合、三か月で結果を出すためには、人を切らなければいけない場合も出てくる。売上を上げられないなら経費を削るしかない、となってくるのだ。

これが外資系大企業の経営法だが、まったく同調できない自分がそこにいた。アメリカ本社、日本法人の両方で多くの経験をさせていただき、自動車メーカーから新規事業を数多く受注させていただき、会社に貢献させていただいた。その反面、外資系企業の内部の詳細、その実態を知ることで、逆にモチベーションを急激に失い、サンパワーの経営の世界に身を投じたい自分がそこにいた。

アメリカから帰任したあと、僕は外資系企業を去り、父の会社に入る決意をした。二〇一〇年九月のことだった。

第三章

ソーシャル・ビジネスへの接近

1　サンパワー入社

サンパワーに入社して

サンパワーに入って初めの一、二年は、父に毎日のように叱られていた。特に一年目は、毎日夜になると電話がかかってきていろいろ意見された。社員が僕のことを父にいろいろと話していたのだろうと思う。事業所が複数あり、父といっしょにいる時間も限られていたから、夜に電話がかかってきたものだった。

入社後、僕は初め経理部で仕事をした。間接部門の経験がなかったので、まずはお金の流れをつかむという仕事を仰せつかった。半年ぐらい経理を担当して、伝票についてもある程度わかるようになってから、作業着を着てまったく経験のないタイヤ事業の現場に飛び込んでいった。このときの肩書は何もなかったが、途中から営業部長になり、やがて会社の代表を継ぐことになる。

経営を継いだときには、サンパワーではタイヤ事業のほうが企業の貿易サポートよりも売上が多くなっていた。タイヤ事業というのは現場の仕事だ。トラックに乗って、従業員がタイヤを集めて、という仕事だったが、僕は現場上がりじゃないので本当に継いでいけるかどうか自信はまったくなかった。

中古タイヤ事業部は、どこも働くところのない若者とか、親がいなくて恵まれない家庭で育った若者とか、障がいをもっている若い人たちの働く場だった。僕はこういう若者たちと仕事をしたことがなかった。

それまで僕が勤めていた会社は、敢えて対比すると、本当にエリートばかりのところだったので、当社の中古タイヤ事業部の現場にいるような若者たちは、それまで接したことのないタイプの人たちだった。

だから、僕が彼らの生活を牽引していかなければいけなくなったとき、本当に自分にできるのかという葛藤があった。そのころ、後継経営者とか創業経営者のところに伺って、どうしたらいいかアドバイスをいただいたこともあった。

ある経営者の方は、「お父さんの仕事の現場経験がないあなたが、本当に経営していけるかどうか不安に思っている気持ちはよくわかる。でも後継者のいちばん大事な仕事はそれではなく、創業者の思いを引き継ぐことです」と言われた。

それを聞いて、それなら自分にも引き継げるかもしれない、父を尊敬しているからこそ、父の思いは大切に継承できると思った。

僕はいきなり大手外資系企業を辞めて家業を継いだわけで、経営のことは何も知らなかった。大企業内での社会人の実務と経営に違いがあること、つまりサラリーマンと経営者の違いすらも、その当時はわからなかった。

しかも日本の中小企業とアメリカの大企業とは、物事の進め方、社員の管理の仕方などまったく違うが、その違いも把握していなかった。アメリカの企業での経験しかなかったので、それが当たり前だと思って、当初はそのように社員と接した。人間は自分の経験したことしかわからないから、初めは、ただがむしゃらに毎日の仕事をしているだけだった。

2　稲盛和夫さん、天明茂さんに学ぶ

盛和塾

敬愛する稲盛和夫さんの盛和塾に入ったのはそのころだった。

最初の一、二年は稲盛和夫さんの言われることは本当に難しくてわからなかったので、

稲盛さんがご自身の経営体験に基づいて作った「経営十二カ条」を毎日のように暗唱した。日曜日など休みの日は、稲盛さんの講話を収めたCDを三、四時間、ずっと繰り返し聞いていた。要は、それぐらいしないと次の日から経営者として仕事をするのが不安だったのだ。心の整理がつかなかった。だから稲盛さんの講話で自分の心の状態を整えていた、というのが本当のところだ。

「経営十二カ条」の最後の十二条が僕は特に好きだった。それは、「常に明るく前向きに、夢と希望を抱いて素直な心で」というものだった。今は苦しいかもしれないし、会社を継いだ意義や目的はわからないかもしれないが、それでも毎日を明るく、希望をもって生きること、そうすれば必ず天の神様はいずれ微笑んでくれるから、決して失望してはいけない……というような意味で、この言葉だけで「今日も頑張らないといけないな」と自分を奮い立たせた。こんな毎日の繰り返しだった。

外資系とのギャップ

僕が肚をくくって経営に取り組むようになるまでは五年ぐらいかかっただろうか。時間がかかったのは、それまで経験していた外資での仕事の環境と当社の仕事の環境がまったく違っていたことが大きかった。そのギャップを克服して、自分が本当に社員の幸せのために、そしてお客様のために経営していくんだという本気の覚悟がもてるまでに僕の場合は五年の月日がかかったのだ。

当初は、中古タイヤ事業の現場で働く若い人たちの気持ちをどのように掌握していいか、皆目わからなかった。社員同士のトラブルもいろいろあった。試行錯誤しながらもなんとなく彼らの気持ちがわかるようになったのは、四、五年経ってからではないだろうか。結構な時間がかかった。

そんななか、後継者としての僕を最初に悩ませたのは、社員の不正の問題だった。これが僕の心を非常に苦しめた。現金不正の問題は、うちの社内だけではなく、取引先やこの業界で横行していた。これは現金を現場で動かす業界に共通の問題だった。

そんなことも尾を引いてか、僕が経営者になってからのいちばんの悩みは、社員を信頼できなくなってしまったことだった。いつだれが裏切るかわからないという疑念に完全に支配されて、ノイローゼのようになってしまった。

だから、僕のような社長のもとで働く社員も可哀想だなと思った。自分は彼らを幸せにできる器ではないんじゃないか、もう経営者をやめたほうがいいのではないかと、何度思ったかわからない。

高額な横領に遭ったときは、これでは真面目に正しく働いてくれている社員に申し訳ないし、彼らを守っていけないと思い、裁判に踏み切ったこともあった。不正を働いた社員からお金を回収するという目的が五十パーセント、まじめに頑張ってくれる社員を守っていくという決意のためが残りの五十パーセントだった。

会社は僕が入ってからかなり業績を上げたが、僕が社員を愛せなくなってからやはり業績が落ちた。不正ばかり見つかってしまうのだ。業績は上げたけれど、僕と社員の間には距離ができてしまった。僕が社員を信用していないというのが、社員たちにも伝わった。

不正が発覚すると、場合によっては社員の家まで行って、子どもたちが泣いていても、謝罪してもらって現金を返してもらうことになる。そんなことをしてまで経営して何の意味があるのかと、何度も自問自答した。

社員の不正とその処理の問題に対処していくなかで、このままでは後継者として、社員を幸せにできないと思った。悩みの多い五年間だった。

悩んだ挙句、結局、社員を守るのは経営者しかいないんだということに思いが至り、思い切って会社を赤字決算にした。

これが会社経営の転機の一つになった。

天明さんのアドバイス

僕の覚悟ができたのは、社外取締役になっていただいていた僕の経営の師匠、天明茂さんのアドバイスだった。「川村さん、一回、会社赤字にしたらどう?」と言われたのだ。企業再生を専門にされてきた天明さんは、たぶん僕という人間を見たとき、「川村さんは赤字までいかないと肚が据わらない」と判断されたのだと思う。

そして少しずつ少しずつ赤字にしていったとき、そのほかのことも相俟って、結局なんだかんだ言っても社員を守っていけるのは経営者たった一人しかいないんだ、自分が肚を据えなければ、社員とそのご家族の生活を守っていけないんだという境地に至った。

そんなときだった思う。心がポンと変わった瞬間があった。そのころ毎日、この世で果たすべきサンパワーの使命、僕の使命は何なのだろうということをノートに書いていた。いつも同じようなことを書くわけだが、何か腑に落ちない。だけど書かざるを得ない。ノートに自分の棚卸しをしていく感じで、これからの自分の使命感みたいなことを綴っていった。しかし会社が赤字になったとき、それまでノートに書き綴ってきた言葉が腑に落ちた瞬間があった。社員を守るのは自分しかいないのだ、と。同じ言葉が使命に変わっていった。

言葉は同じなのに、これは君のやることだ、やりなさいという意味に変わっていった。指先で転がしていただけの言葉が、本当に心の中に、胸の中にスーッと入ってきた。

時を同じくするように海外事業の展開を矢継ぎ早に進めていった。そのあとユヌスさんと出会い、途上国への進出を始める前に、天は僕に後継者としての在り方を学ばせるために苦しめてくれたのだと思った。その苦しみから学べと。結果として苦しみも赤字決算も、当時の僕には必要な経験だった。すべては必然だったのだ。

会社の立て直し

僕はまず社員と個人面談をして、不甲斐ない経営者で申し訳なかったということを伝えた。業績は経営者の責任だ。そのうえで、やはりいい会社にしていきたいので、皆さんの協力が必要だということを訴えた。これが出発点となった。

では会社を良くするにはどうすればいいか。幹部社員やリーダーたちと相談していちばん初めに行ったのは社員へのアンケートだった。どのように経営の改善をしてもらいたいかを無記名で書いてもらう。不満を出してもらいたかった。そうして集まった社員の声の中から、じゃあ今年はここまでやる、できないことは来年やるというように、少しずつ取り組み始めた。

赤字は現象としては良くないけれども、長い目で会社の発展や変化を考えると、当社の場合はたしかに一つのステップになった。しかしさすがに天明さんの「川村さん、赤字にしちゃいなよ」にはびっくりしたけれど（笑）。

天明さんとの出会い

ここで簡単に天明さんとの出会いについて触れておこう。天明さんは当時、東京の事業構想大学院大学で教鞭をとられていた。ほかにもいろいろな業界の役をされていて、ある自動車リサイクル業の全国組織のＮＰＯ理事長もされていた。その天明さんとうちの父（会長）が北海道で開催された会合でたまたま会ったことが機縁になり、その後、天明さんが当社を訪ねてくださった。そのとき僕はお会いできなかったのだが、父が僕に「天明さんという素晴らしい方がいるから会いなさい」と言ってくれたのはそれからすぐだったように思う。

前にも書いたが、僕の人生での大事な方との出会いはほぼ父の紹介だった。父の人を見

右端が天明先生。左から２人目が著者、中央が著者の父

る目は大変なもので、直感でパッと人を見抜いてしまうところがあった。活躍していても、本当に力のある人と自分をよく見せようとしているだけの人をすぐ見抜いてしまう。

それでも父は、「この人は素晴らしいから、お前、会え」と言うことは少なかった。僕の意思を尊重してくれていたのだろう。その父が、天明さんのときだけは、素晴らしい方がいるから、お前もすぐ会いなさいと何回も執拗に言われて、そこまで言うのならと会わせていただいた。

そこから天明さんとのお付き合いが始まった。企業戦略における西洋の手法は「競争優位」の思想を引くもので、聞こえはいいが、要は競合相手をいかに潰すかという発想だ。僕は外資系時代、こればかりをやっていた。ビジネススクールではハーバードMBAの教材を使って勉強したが、結局、すべての目的が、資本主義の一部の人の富を生み出すためにとか、卒業後、自分の市場価値を高め、転職で自分の年収を増やすために、ということに設定されていた。これでは本当の、「真のリーダー」を輩出することなどできないと僕は思った。リーダーを育成するような他の教育の必要性を痛切に感じたが、当時の僕にはまだ、その答えは見つけられなかった。

明らかにアメリカ型の教育メソッドでは、マネージャー（プレゼンが得意なイエスマン）は育つけれどもリーダーは育ちにくいと感じた。僕がいた外資系の会社の中で、役職者以上はかなりの割合でMBAや他分野の修士号をもっていたが、誤解を恐れずに言えば、高学歴が幸せと結びついてないと感じた。彼らは常に自分のポジションと給料だけを気にして毎日を送っているからだ。上司にイエスを言い続け、いかに自分の価値を認めてもらうかということには長けているが、本当にお客様のために仕事を引っ張っていく人はなかなか生まれにくい。上司に異なる意見をぶつけると、首になったり飛ばされてしまうから。

アメリカが実力主義なのは全体のほんの一部というのが僕の体験上の実感だ。一部の優秀な人間は起業したり、企業内で事業変革を担うけれども、大概の人にとってＭＢＡの目的が実際のところは転職だから、リーダーが育つはずがない。これがＭＢＡの実態なので、真の意味のリーダーを輩出する理念もなければ教育メソッドにもなっていない。

ところが天明さんの手法は、「とるべき戦略は自社・自分のルーツにさかのぼる」というもの。自分のＤＮＡを把握、理解することで、自分に備わった資質と徳を理解し、それをどう社会に役立てるか、どう社会的価値を創出できるかを考えよ、というものだった。そうすれば、結果的に他社と比較する必要のない、固有の戦略が出来上がる、と。

天明さんは、「自分というものは隣の八百屋がつくったんじゃないでしょう。医学的に両親があって、その両親の先祖代々を継ぐものが自分だから、自分の資質・素質を戦略的に考えるのではなくて、両親を含めた方々の生き様を調べて、その素質のうちどれが自分に備わってどれが備わってないかというのを、実証的な見地（ヒアリング）から分析しなさい」といわれる。

見えてきた方向性

リーダーとして、世の中にどう貢献していくか、自分に備わった徳や資質を社会の課題解決のためにどう使っていくか。いわゆる巷の戦略論では、自社の優位性を守るために、他社と比較して、結局、競合他社を負かす、いや潰すということが目的になってくる。これが多くのビジネススクールで教えていることだ。

しかし、自分の特質が両親や先祖から連綿と紡がれてきて備わっているという自覚（認識）を得ると、他人（他社）との比較にはならない。備わったものをどのように社会に還元できるか。これが最終的な自分の使命であり、企業の戦略になる。

とはいえ、僕も初めのころは、天明さんの教え、親や先祖の生き様を調べたり、家庭を大事にすることがなぜ企業経営の発展につながるのか、ということが全然わからなかった。当然ビジネススクールで教えられたことでもなかった。ところが天明さんのご指導のお陰で、親がどんな苦労をし、父や母がどんな素質をもっていて、さらに祖父母やご先祖の方の何を自分が引き継いでいるのかを知ってゆくと、「ご先祖＝無限数＝天＝宇宙」ということがわかってくる。目に見えるものではないけれど、宇宙や天が、今の自分にどんな期待をしているのか、また、自分は何を果たすために、この両親のもとに生まれてきたかがわかる気がしてくる。

経営者や起業家でいえば、自分の両親や先祖からどんな特質を得て生まれてきたかを知ることで、それをどう社会に役立てるか、わずかでも社会や地域社会の問題・課題の解決に結び付けていくか、ということがわかってくる。そうなると、もうそれは「ソーシャル・ビジネス」ということだ。人生そのもの、経営そのものが、稲盛さんの「利他の人生・経営」、ユヌスさんの「ソーシャル・ビジネス」につながってくるのである。

結果的に、自分自身の人生や企業経営は差別化され、オンリーワンになってくる。他人や他社と比べる必要性はそこにまったくない。自分独自、自社独自の「絶対的」な優位性であるからだ。人間の苦のもとは「人との比較」にある。ゆえに、比べなければ「苦」は存在しない。

この考えに僕は大きく感動した。これこそ東洋的なリーダーシップだと思い、後世に残すべきだと強く感じた。僕にとってはアメリカの企業で資本主義の行き詰まりを体験したことがそれだけ衝撃的だったし、絶対に何かおかしいという問題意識を強くもっていた。天明さんが現役時代にされてきた「赤字会社の再建」手法に、「リーダー育成の本質」を見たのだ。

人間力大学校

あるとき天明さんに「赤字会社の再建手法は事業継承されるんですか?」と聞いたら、「事業継承なんて考えていない」と言われたので、「じゃあ創業だけさせてください」とお願いした。天明さんの企業再生の方法論を次世代に継承しようと思ってのことだった。事業が軌道に乗ってきたら、別会社をつくろうと考えた。半年ぐらい天明さんを説得し続けると、天明さんも根負けして「じゃあ川村さん、やろう」と言ってくださった。そういうことで、二〇一六年二月に当社の教育部門として立ち上げたのが「人間力大学校」だった。会社を赤字決算にしたのと同時期だ。

これが僕と天明さんとの出会いの経緯だ。

人間力大学校をつくったとき、盛和塾事務局経由で稲盛和夫さんにお手紙を書き、幸運にも推薦人になっていただくことができた

前にも書いたが、その稲盛和夫さんとの出会いの初めのいとぐちは父の本棚にあった稲盛さんの著書だった。以来、二十代のころは、稲盛さんの『生き方』という著書をいつも傍らに置き、今も稲盛さんの講話ＣＤは、アイポッドに入れて出張中に聞いている。ＣＤ

講話を聞くようになってからもう十年になるが、何度聞いても素晴らしいと思う。人生の真実、ものごとの真理を説かれているので、毎回、心が整理され、雑念が消えていくような感じを受ける。

なかでも僕がいちばん学んだのは、「心のあり方が自分の目の前の現象をすべて決める。良いことも悪いこともすべて自分の心の反映にすぎない。思いがすべてを決める。どうせ思うのであったら相手を良くしてあげたいという美しい心で思う。その結果がまたいい結果になる」という因果応報の考え方だった。

僕の好きな稲盛さんの言葉は、「良いことを思い、良いことを実行する」、「才能を私物化しない」。

僕がその後、ユヌスさんと出会い、「ソーシャル・ビジネス」に邁進していったのも、母から慈悲の心を学んだのと、稲盛さんから「人生のあり方」（世のため人のため）、「心のあり方」（利他の心、美しい心、思いやりの心）を学ばせていただいた結果だと思っている。

人生は人との出会い

振り返れば、僕は素晴らしい年上の方との出会いが多いように思う。商社時代の役員の方、外資系時代の上司（日本人とフランス人の二人の上司）、稲盛和夫さん、天明茂さん、そして、ユヌスさん。自分の人生の必要なタイミングで、こうした素晴らしい年上の方々との出会いがあり、僕の人生は導かれ、拓けていった。

こうした出会いを考えると、やはり母のことを思わずにはいられない。母は「独り身の高齢の女性のお世話」を献身的にしていたので、その母の積んだ功徳が、息子の僕に廻ってきているのかなと感じてしまうのだ。

余談だが僕の名前「拓也」は、母方の祖父につけてもらった。天明さんが言われていたが、自分の名前には自分の天命、使命のヒントが隠されているそうだ。人生を切り「拓」いていく拓也。確かに僕はこういう生き方が好きだし、それが僕のモチベーションを自然と高くする。

人生とは不思議なもので、「人との出会い」がすべてだと思う。今いちばん大事なのは家族。家族の幸せなくしてはどんな成功も自己満足で終わってしまう。そして妻との出会い。同志社に行っていなければ妻とも会えなかったし、今の家族もなかった。その同志社大学を教えてくれたのは父だった。天明さんとの出会い、稲盛さんとの出会い、すべてが父と、そして母につながって、今日の自分自身があると強く意識するのだ。

3　サンパワーを引き継いで

覚悟が決まる

僕が父と代表を交代したのはおよそ七年前、父が六十五歳くらいのときだった。父のやり方ははっきりしていて、交代してからはほとんど意見をしてくることはなかった。父には父の流儀があったのだろう。役員会などでは父の意見を聞いたりしたが、やはり経験が全然違うことを痛感したものだった。だから後継者である以上、立場は変わっても聞くところは聞く、お伺いを立てるところは立てる、ということは逆にしなければいけないなと考えた。後継者としては当たり前の姿勢だと思う。

しかし父のほうから会社の方向性について指図されたことはほとんどない。おそらく父は、僕の我の強い性格をよくわかっていたので、僕を立ててくれたのだと思う。

昔から父に聞かされてきた言葉に、Boys, be ambitious.（青年よ、大志を抱け）がある。農大出身なので、クラークさんの言葉が好きだったのだろう。僕の素質が生きるよう父なりに考えてくれたようだ。

僕が四、五年前から海外進出を展開しているのを見て、父はとても喜んでくれた。空に飛行機を見つけると父は、息子である僕が飛んでいるというイメージをもったらしい。

でも実際、海外事業の拡大を意識的に始める前はそれどころではなかった。会社経営自体が大変で、はっきりいって何もわかってなかった。

後継経営者としての僕の覚悟が決まったところに話を少し戻そう。

正直なところ、会社を継承した初めのころは、海外事業の支援だけやっていればいいのにと思った。なぜ問題を起こすような若者ばかりのタイヤ事業があるのか不審に思っていた。

僕が継ぐ前、父がタイヤ事業を始めたときは、現場社員といえば、いわゆるヤンキーのような若者ばかりだった。社員同士の喧嘩もあるし、不正もあるし、人間関係のいざこざなんて日常茶飯事だった。継承したのはいいけれど、面倒なものがくっついてると感じたものだった。

だから僕が継ぐとなったとき、最初に思ったのは、こういう若者たちを本当に幸せにできるだろうか、ということだった。願わくば父がここに足を踏み込まないで、海外事業のコンサルだけやってくれたらよかったのにと思ったときもあった。

それにしてもヤンキーたちばかり雇うようなタイヤ事業を父はなぜ始めたのか、僕にはこれがわからなかった。父は間違いなく、あるときから考え方が変わっていった。昔は「超」がつくほどの学歴信奉者。僕にもとにかく一番の大学に行けというくらいに。そして文武両道。ヤンキーといわれている人たちはそれとは正反対の世界の住人で、父は彼らの存在をまったく認めていなかったと思う。その点はすごく厳格で、僕もその影響下で育ってきた。だからその父自身がそのような若者たちに光を当てる仕事をするとはまったく思わなかった。父はそんな若者たちとタイヤ事業を続けるうち、少しずつ寛容さを身につけていったのかもしれない。

ソーシャル・ビジネスへの接近

僕は二代目経営者として、外資系で身につけたカルチャーと日本の現場まみれの会社の現状とのギャップに苦しんでいたけれど、そこで突破口となったのがユヌスさんのソーシャル・ビジネスの考えだった。バングラデシュのユヌスさんの取組みと、五十人にも満たない小さな会社サンパワーの取組みが重なったのだ。社会問題をどうこう言う以前に、うちでいろいろな問題を抱えた社員さんたちを、仕事で「人生の勝利者」にすることが、結局、ユヌスさんのやっていたことと一緒なんだと悟った。そこでカチッと僕の人生理念が固まった。それは本で知ったユヌスさんの思想と、当社の現実とが重なったということだ。

ソーシャル・ビジネスとは、学校も行っていないような途上国の貧しい人たちのためにあると思っていた。でも、そのとき、うちのタイヤ事業部の社員たちの置かれている状況が、途上国の人々と僕の中でかぶって見えた。

ソーシャル・ビジネスという言葉は綺麗だが、「あなた、こういう境遇に置かれた若者たちのために人生捧げられますか？」ということと同じだ。障がい者だったり引きこもりだったり、いつもトラブルを起こしている社員だったり、どこにも働く場のない若者だったり親がいない子だったり……僕がこういう若者たちと出会ったのは、この若者たちを幸せにするのももちろん目的ではあるけれども、ソーシャル・ビジネスを目指しなさい、その道へ歩んでいきなさい、ということだったのだと思う。

これでつながった。当社の中古タイヤ事業に集う若い従業員を幸せにできずして、どうしてソーシャル・ビジネスができるだろうか。このとき僕はそう思った。

僕がサンパワー入社前に海外で働き、資本主義のなれの果てを見たこと、ユヌスさんの本と出会ったこと、そして当社の中古タイヤ事業部が発展途上国で仕事をしていることに加え中卒や障がいをもった従業員が多くいることなど、不思議と、どんどん自分の中で、今までの人生の出来事がつながってきた。

そこから自分のすべての人生が「感謝」に変わった。経営理念も「昇華」されて、「就労困難な方を一人でも多く雇用させていただく」という一文が加わった。これこそ僕たちの中古タイヤ輸出事業部の存在意義だと思い至った。

理念と使命がつながる

「世界の貧困問題の撲滅」と「国内外の就労困難者の雇用の促進」――このためにサンパワーという会社は存在する。日本の海外進出支援や中古タイヤ輸出事業はその具現化の手段にしかすぎない。かけがえのない機会を両親は残してくれた。両親と、今まで僕を指導してくださった方には、本当に感謝の気持ちしかない。事業という目に見えるものを通して、目に見えないこういった理念を具現化していくのが自分の使命だと気づいたのだ。

海外事業だけではここまで僕の理念は深まっていかず、コンサルレベルで終わってしまったように思う。「商社にいました、貿易やっていました、外資で働いていました、おたくの顧問になりますよ」で、たぶん終わっていたのではないだろうか。

ところが古タイヤを扱ういわゆる3Kといわれる事業で、いろいろな事情を抱えた若者たちと出会い、いろいろな問題を経験したからこそ、ユヌスさんとも出会い、ソーシャル・ビジネスに自分の人生を捧げるということに帰結したのだと思っている。

結局、ソーシャル・ビジネスとは就労困難者に光を当てることだと確信したとき、僕の人生理念が定まり当社の事業のドメインも決まった。

理念が一番上で、その下にその理念を具現化するための戦略がある。だから、理念が定まると戦略も定まる。逆にいうと理念が定まらないと、戦略（事業）もふらふらしてしまう。そのふらふらが僕の初めの五年間だった。これが定まったので、事業戦略もこれに合致するかどうかだけで決められるようになった。

気づいてみればソーシャル・ビジネスがそこにあった。初めからソーシャル・ビジネスを意図して目指してきたわけではなかったが、こうなった、としか言いようがない。

若きリーダーの育成

こういう会社はおもしろいらしく、新潟の国際大学大学院（MBA、学生のほとんどが海外からの留学生）から昨年取材に来られ、サンパワーのケース・ライティングを作成されている。社会起業家、リーダーシップ論などの授業で当社のケースが教材として使われるようだ。

今、僕は海外進出を検討するとき、現地の社長（ＣＥＯ）候補を現地の若いリーダーにする。それは、僕が若いときに助けてくれた外国の方々に少しでも恩返しがしたいからだ。ドイツ駐在のときだけでなく、アメリカ駐在中にも、本当に多くの現地の同僚から助けていただいた。人材育成を含め、少しでも外国籍、とりわけ途上国籍のリーダーを多く発掘し、彼ら彼女らを母国で経営者にしてあげたい。そして彼らが日本と母国の架け橋になり、日本への貢献だけでなく、貧しい母国の経済発展、貧困撲滅、若い貧困層の雇用促進などを進める素晴らしいリーダーになってもらうことが僕の願いだ。

その第一号が五年前に当社に入社したセネガル出身のムハマド君だ。彼は現在サンパワーセネガルのＣＥＯ。当社（日本）で経験を積み、当社のビジネスを母国に持ち込み、サンパワーセネガルを起業してくれた。

ムハマド君は当然当社の理念を熟知し、心から共鳴してくれているので、サンパワーセネガルの本来の目的が中古タイヤビジネスではなく、事業を通じ、少しでも現地の貧困問題解決に寄与することであり、そのことこそが当社の存在理由であることを理解してくれている。

彼のキャリアパスを追うように、現在当社には九名の新卒の途上国出身の若者が頑張ってくれている。そのうち一名は去年、新卒で入社したネパール出身の女性だ。当社の貿易事業や中古タイヤ事業に興味をもったということではなく、サンパワー自体が「ソーシャル・ビジネス・カンパニー」であることに深い感銘を受けて入社してくれた。ほかの途上国も同様の場合が多いが、ネパールでは女性が働く風習がなく、したがって女性に働くスキルセットがまったくない。だからサンパワーで経験を積んで、入社十年後にネパールに帰り、ソーシャル・ビジネス・カンパニーを起業し、女性が働ける会社作りにチャレンジしたいという思いで当社に入社したのだ。

現在は留学生の社員のほかに、日本でＭＢＡを修了して入社したアフリカ出身の若者もいて、母国での当社の立上げを準備中である。

このような日本と母国（途上国）の架け橋となるリーダーとの出会いはとてもうれしい。僕が二十代、三十代のとき、海外でお世話になった恩返しの意味で、彼ら彼女らを思い切り支援したいと思っている。

前述の、サンパワーセネガルの若きＣＥＯ、ムハマド君の話をここで少し詳しく書いてみたい。

4　サンパワーセネガル設立

初めてのケース

二〇一五年三月、新宿にあるハローワークから当社に一本の電話がかかってきた。アフリカ出身の若者がサンパワーで働きたいと言っているとのことだった。それがセネガル出身で東京池袋の国際ビジネス専門学校に通っているムハマド君だった。

こういうことは当社にとって初めてのケースだったが、うちの社員が早速面接し、とても好青年という印象をもったようで、僕もそのあとに面接をした。当社でも事業の戦略としてアフリカに力を入れていきたいなというのはだいぶ前から考えていたが、なかなかきっかけがつかめずにいたところだった。

ただ、同じ西アフリカのギニアのお客様とはもう三十年ぐらい仕事をしていて、年々事業の規模（注文）が広がっているので、間違いなくアフリカには力を入れなければいけないと考えていた。

当時ムハマド君は二十三歳で、その三月が卒業の月。日本に来てから日本語学校三年、専門学校二年、計五年という。面接で当社の志望動機を聞いたところ、中古タイヤの輸出と答えた。僕は単刀直入に、本当は労働ビザが欲しいだけなのでは？　と聞いたところ、素直にそうだと答えた。そのあとの長いやり取りは割愛するが、ムハマド君はとても正直な若者という印象をもったので、採用に向けて検討することにした。

事業、特に途上国との仕事はパートナーの縁がすごく大事で、それが事業の成否に関わってくる。どういうかたちで進出していったらいいのか、どうお客様を獲得したらいいのか、いろいろと模索している最中、ムハマド君から入社希望の連絡があったというわけだ。

海外から日本の大学や大学院ではなく専門学校に来る若者の本当の目的は出稼ぎにあり、それが実態だ。給料のいい日本企業に勤めて就労ビザを取り、母国にいる貧しい家族に仕送りをしてあげたいという若者が多い。出稼ぎといっても僕ら日本人はあまりピンとこないかもしれないが、実際いろいろな境遇の若者が日本に勉強にやってくる。そのうちの一部であれ、母国の両親や家族に仕送りをして生計の一助を担っている彼らはとても素晴らしいと思う。こういうことは僕ら日本人も見習うべきだろう。

ムハマド君はもともとはセネガルの学校で電子技術を勉強していたようで、日本の技術に魅力を感じ、日本の会社に入りたかったという。将来、技術者として自分の国の役に立ちたいという思いで日本に来たけれど、たまたま当社の中古タイヤ事業に興味をもち、連絡してきたのだった。

彼の人生目標

僕らの業界は通常、積極的に外国籍の人を採用することはしない。彼らは自分の国や海外のお客さんとパイプができると、すぐ独立して、それまでお世話になった日本の会社の同業者になってしまうからだ。つまり商売敵になってしまってトラブルになるケースが多い。独立して同業者になってしまえば、我々のような日本の同業者から品物を買って、今度はそれを自分が培った海外のネットワークを通して売ってしまう。現場系の日系会社が外国籍の方を採るリスクはそこにある。

でも僕らはそのときムハマド君を採用することにした。会長（父）と社員の評価が非常に高く、僕自身も面接したが、当社との縁を感じる若者だった。もともと日本で働きたいというのが採用のときの彼の希望だったが、ただ労働が目的で日本の会社で働くのではない。自分の国には働けない若者もたくさんいる、日本で仕事を覚えて母国に錦を飾りたいという話になったとき、彼の目が輝いた。本当にムハマド君の目が大きく輝いたのをはっきり覚えている。

その瞬間、彼の目標は日本の会社で働き給料を得るということから、母国にサンパワーを設立し、自らそこの社長になり、兄弟や現地の貧しい若者を雇用して、母国のために役立ちたいという目標に変わったのだ。

入社して初めの一年は、当社の宮城県川崎町の中古タイヤ輸出事業所に勤務して、一から仕事を体で覚えてもらった。同時に日本のサンパワー社員との関係も築いていった。

ムハマド君は東京の専門学校卒業後、すぐ同じセネガル出身の女性と結婚したので、家族を横浜に置いて、単身、宮城県に渡った。人生の目標が高くて美しい者は強いと思った。

結局一年間でタイヤ事業現場をほぼ覚え、海外営業もひとまずできるレベルまで達したので、一年後、横浜の本社に転勤させた。宮城県では一年間、昼間は現場の仕事、夜はアフリカのセネガルをはじめとしたお客さんとのやり取りをしていたようで、その一生懸命さには非常に感心した。

起業して母国の貧困撲滅のために働くんだという目標を立てたら、こんなにもモチベーションが変わってしまう。ムハマド君は本当に一年間、よく現場で頑張ってくれた。

ユヌスさんとお会いしたのは二〇一七年だったが、それ以前にこのようなアフリカとの縁が始まっていた。

セネガルに行く

採用面接のとき、彼が一年間で仕事をある程度覚えたら、いっしょにセネガルに行って市場調査をしようと約束していた。一年後の二〇一六年の春、彼は宮城県から海外営業として横浜に異動になり、その三か月後の七月、約束どおりセネガルに行ってもらった。彼には僕が行く一か月前に行ってもらっていろいろ準備してもらった。僕は一か月後にセネガルに行って、彼といっしょに市場調査をした。

海外で子会社を設立するのは非常にリスクが高い。だから本当は現地に信頼できるパートナーを見つけたかった。このパートナーに経営を任せて、僕たちサンパワーとセネガル現地の会社の間でビジネス関係を結べばいいのだ。

しかし、信頼できるパートナーは見つからなかった。どこも支払いの条件が悪く、会社として本当に登記されているかどうかもわからないような組織だった。そんななか、彼のお父さんを紹介された。非常に立派な方で、会計事務所の社長で、セネガル政府の会計の監査を請け負うなど、幅広く会計の世界で活躍されていた。そのお父さんに相談をしたところ、いろいろリスクがあるかもしれないけど、サンパワーの子会社として現地で会社を設立してビジネスを展開したほうがうまくいくんじゃないかというアドバイスをいただき、サンパワー一〇〇パーセントの子会社、サンパワーセネガルをつくることにした。

僕は海外事業のパートナー選別の際、相手の「経営力評価」に加え、パートナーの配偶者やその家族、ご両親などにも会うことにしている。パートナーの本当の人間性はその家族を見るとわかるからだ。これは僕の父が昔、実践していたやり方だった。ビジネスは理念が大事なので、お互いの人間性を確認することは重要なポイント。そしてお互いに理念や方向性を共有できることが、特に国際ビジネス成功と発展の鍵を握るのだ。

父の時代は今のように情報も通信手段も発達しておらず、今より格段に「貿易事業リスク」が高かったはず。したがって今より何倍も海外事業のパートナーの「力量」を確かめる、つまり目利きをする力が重要だったと思う。

そういう背景があったから、父は、海外事業パートナーの評価に、「家族の生き様」の確認を入れていたのだと思う。逆に大事な海外パートナーが来日したときは、外で食事するのではなく、よく自宅に招き、母や僕ら子どもたち家族を紹介し、いっしょに食事をしたものだ。

だから、僕も海外パートナーの家庭を見て、そのご両親や祖父母がどれだけ「徳を積む生き方」をされてきたかを自分の目で確認するようにしている。自分のことは棚にあげて（笑）だが、この確認方法で選定すると大概うまくいく。

ムハマド君のお父さんも祖父母も大変素晴らしい方だった。お会いするだけで、その人間性からにじみ出る人間の大きさ、おおらかさが実感できた。聞いてみるとやはり、恵まれない親族や地域社会の孤児などに自分の財産から多額の寄付をしておられたし、祖父母は地域の孤児をたくさん引き取り、自宅で育てておられた。

その様子を見た僕は、ムハマド君を信頼し、サンパワーセネガルのＣＥＯを任せようと決めた。

大統領選にかける思い

余談だが、ムハマド君のお父さんは過去二回、セネガルの大統領選挙に出馬されている。ムハマド君含めご家族は皆反対だったようだが、お父さんは実直な方だ。まじめで誠実な方が政治をやろうとすると、やはりいろいろ政治的リスクが高いらしい。

二〇一九年の前半、ちょうどセネガル大統領選の最中に僕はセネガルに出張したが、そのとき、お父さんからセネガルの大統領選に出馬した本当の思いを打ち明けられた。

「政治は都市や大企業、お金を投資してくる国にばかり目がいく。しかし、本当に政治が目を向けなければならないのは都市とか大企業ではなく、村（Village）に住む貧困層の住民だ。村に住む貧困層の住民に光を当て、貧困やその周辺の問題を解決してあげることが本当の政治の役目だ。それを誰もやらないから、今回自分は大統領選挙に立候補した」と言われた。

僕は自分が取り組んでいることを一通り、お父さんにプレゼンさせていただいたが、お父さんはこうおっしゃった。「私がこの国の貧困をなくす仕事をすることになったら、大事になるのが、拓也（僕のファーストネーム）がユヌスさんと取り組んでいるソーシャル・ビジネスだ。ぜひ、ソーシャル・ビジネスをセネガルに持ち込み、いっしょに実践させてほしい。ソーシャル・ビジネスこそ、今後セネガル政府が取り組むべきことだ」。
「真のリーダー」とはこういう方だと思うが、残念なことに現実の政治の世界ではそうなっていないのだ。

ムハマド君のお父さんは最後の二人まで勝ち残り、現職の大統領と一騎打ちになったが、大統領にはなれなかった。親の思いは深遠だ。このお父さんの思いを受け継ぎ、ムハマド君や彼の兄弟にはアフリカと日本の架け橋になり、さらに母国のために活躍してもらいたいと願っている。

僕が途上国出身の若者を当社で雇用し、母国でサンパワー子会社の経営者にしたり、起業させたりしているのは、近い将来、彼ら彼女らの母国の貧困問題撲滅に取り組んでほしいということに加え、ゆくゆくはその中から「〈母国を経営する〉大統領」を輩出したいからだ。そのプロセスとして、「〈企業を経営する〉起業家」への道標を提供している。企業経営のあとは国家経営だ。彼ら自身で貧しい母国を変えるのだ。

「人生、人とのご縁」が僕のモットー。ムハマド君と会ったことも大きな出会いだが、彼のお父さんとお会いできたのも僕の中では大きなご縁。彼のお父さんに喜んでもらい、安心していただけるよう、今はムハマド君を良きグローバルリーダーに育て上げるのが僕の役目だ。

理想は一〇〇パーセント現地オーナー

セネガルでの会社設立方法についても少し触れておこう。まず僕の考え方の中では、戦略的な市場性として「アフリカ」があった。日本の会社の場合は、僕の昔のキャリアを例にすれば、自分で海外に行って現地の社長になる。通常このような仕組みなので、ほぼ海外現地法人の社長は日本出身の日本人ということになる。

外資系もほぼ同じ。だから本当の意味でローカルの企業になれないのだ。そういうこともあって、このサンパワーセネガルをつくったときは、タイヤの仕事を通じて最終的にはセネガルと日本の架け橋、現地の貧困問題解消や貧困層への雇用提供といった「アフリカのための会社」にしたいという思いがあった。現地の方を社長にして、願わくば会社の株も一〇〇パーセント現地の方にもっていただくというのが僕の理想だった。

日本の会社であるサンパワー本社が一〇〇パーセントオーナーシップをもつより、「アフリカのためのアフリカの会社」というふうにしたかった。ただ資金的な問題もあり、会社設立時は一〇〇パーセントサンパワーで出資して経営していくけれど、ゆくゆくは経営陣に株を買い取ってもらい、会社の名前はサンパワーセネガルだけれども所有権は一〇〇パーセント彼らに移行するというかたちを目指した。株式を持ち合わなくても、志でつながっていけばいいと思うからだ。

サンパワーセネガルは、初めの一年は大赤字だった。仕事（実務）はできても、経営は別物だった。きちっと経営しないと駄目だというのは、恥ずかしい話だが僕もこういった経験を通じて勉強させていただいた。

二年目で黒字に

ムハマド君はまだ若いので、仕事だけしていればちゃんと利益が出るものと思っていたようだが、「経営」はそんなに甘くはない。

彼の苦手なところが社内の数字の「予実管理」だった。流せば、販売すれば、頭で描いているとおりの結果が出る、しかしその結果の細かい確認、たとえば海上運賃が予定と実際がいくら違ったのか、為替がどうだったのか、実際に想定していた単価で一つひとつのタイヤが売れたのか、その結果がどうだったのかという、この利益の確認行為の点で、彼は少しばかり経験不足だった。

この経験不足は仕方がないが、彼はそこから目をそらしていた。しかしそれが業績不振の大きな理由の一つだと気づいてから、現地の経理のチームと一年間の売上の計画、利益の計画を立て、実際どうだったかを検証するようになって変わっていった。

サンパワーセネガルは、次のアフリカの国への進出の布石だ。アフリカのほかの国々にも進出していかなければならず、途中で撤退するわけにはいかない。そういう思いで皆頑張ってくれた結果、二年目から黒字になり、今年で三年目になる。

やはり「理念」が大事。僕とムハマド君が同じ理念や志を共有していなければ、赤字が続けば撤退時期も経営上早くならざるを得なかった。ムハマド君やサンパワーセネガルの従業員は本当によく頑張って経営改善してくれたと思う。まだ足りないところもたくさんあるけれど、彼は今でも僕に叱られながら頑張ってくれている。

結果的にサンパワーは、アフリカとアジアの両方を同時につなげ、車の両輪のようなかたちで絆を深めていくことができた。

セネガルにて。左から２人目がムハマド君

ソーシャル・ビジネスをアフリカに

セネガルのムハマド君と出会ってサンパワーセネガルを立ち上げたのは、ユヌスさんに会うより先だったが、「ソーシャル・ビジネス」の考えはすでに強く根底にあった。これはやはり、前にも書いたが、稲盛さんの考えを学ばせていただいたお陰だ。

稲盛さんの説かれる「利他」の思想、「何のために仕事をするか」や「思いやりの心」というものを稲盛さんに教えられていたので、僕の中では「ソーシャル・ビジネスは、利他心の具現化にすぎない」という思いがあった。稲盛さんの考え方を実践すると、そうならざるを得ないのだ。

自分たちの仕事をどう世のため人のために

活かすか。「才能を私物化しない」という稲盛さんの言葉は僕の中で衝撃的だった。自分・自社の才能と資質を自分・自社のために使うのではなく、世の中のために使え、という。シンプルな言葉だが、深遠すぎるほどの真実だと思う。

僕がバングラデシュでユヌスさんと会社をつくったのは、バングラデシュにおける自動車リサイクル周辺市場の社会問題の解決だけでなく、そのユヌス・ソーシャル・ビジネスを当社の拠点を通じ、アフリカに移植したいということもあった。

その中心的な役割を、サンパワーセネガルをはじめ、アフリカのほかの国に進出準備中の子会社には担ってもらいたいと思っている。

そして、ユヌスさんと会社をつくったもう一つの理由は、日本企業の海外進出の促進に寄与したいと思ったからだ。これは第六章で詳しく書くつもりだ。

第四章

ユヌスさんと会社をつくる

1　実現したプレゼン

十年越しの願い

ソーシャル・ビジネスとの出会いのきっかけは、アメリカで働いていたときに読んだムハマド・ユヌスさんの著書『貧困のない世界を創る』だった。あまりにも感銘を受けて、いつかきっとユヌスさんにお会いしたいと願っていたが、二〇一七年二月、そのユヌスさんに本当に会えることになった。まさに、夢のような出来事だった。

僕は二〇一六年に天明さんと起業した人間力大学校の推薦人に、わが尊敬する稲盛和夫さん、オバマ元アメリカ大統領、そしてユヌスさんの三人の方になっていただきたいと思っていた。

稲盛和夫さんにはすでに書いたように盛和塾事務局経由でお手紙をお送りし、光栄にも推薦人になっていただくことができた。ユヌスさんとは、たまたま僕の知人の経営者のご縁でユヌスさんの関係者にご紹介いただくことができた。そして、「川村さんのタイヤのリサイクル事業こそ、バングラデシュのソーシャル・ビジネスに向いている。ちょうど半年後にユヌスさんが日本に来るから、面談の枠が取れるようにしましょう。まずはプレゼン資料を作ってください」というところまで何とかこぎつけることができた。

本当にユヌスさんにお会いできるかどうか不安だったが、二〇一七年二月、ユヌスさんが来日した際、運良く、朝の一時間だけ時間をとっていただくことができた。

そのとき僕は、当社の事業内容、サンパワーセネガル立ち上げ準備中の話、アメリカでユヌスさんの本を読んで感銘を受けたこと、そしてサンパワーのバングラデシュ進出を考えたいので一緒に合弁会社をつくりたいことなどを一生懸命伝えた。

ユヌスさんはもともと環境問題への意識が高く、二酸化炭素問題や地球温暖化をソーシャル・ビジネスで何とかしたいという思いがあったようで、サンパワーの自動車部品のリサイクル事業にも興味をもってくださった。ユヌスさんは僕の話を聞いたあと、是非バングラデシュに来て、グラミン担当者と合弁会社設立に向けて、一緒に市場調査をしてほしいと言われたのだ。

ご多忙なユヌスさんなので、どのくらいの時間をとっていただけるか不安だったが、本当に一時間きっちり時間をとってくださった。

このときに、ユヌスさんがこんなことをおっしゃった。「川村さん、サンパワーの設立は一九七六年ですね。私がマイクロファイナンスを始めたのも一九七六年だから、今日のあなたとの出会いは、縁なのかもしれません」と。

これを偶然か必然かどう思うかは別として、ユヌスさんは「人生の必然」と私に言われたのだ。これには驚くと同時に「ああ、ご縁だなあ」と思ったのを覚えている。

自分の人生の方向性や幸せの種は、「自分の外」にあるのではなく「全部自分の内側」にある。人との出会いや親からの導きの中にある。今、つまらないと思いながらストレスを抱えて働いている状況でも、実はそこにその人が将来活躍するためのすべてのヒントがある。

すべてのことは全部自分の内側にあり、そのように見ることができるかどうかの問題だと思う。誰もがより良い生き方を求めて外へ外へと目を向ける。「あぁ、この人すごい生き方だな」と。それはそれで大事なところもあるけれど、他人の人生の中に自分の人生があるわけではない。他人の人生と自分を比較しても、結局自分を苦しめてしまうだけだ。

2　バングラデシュに飛ぶ

合弁会社設立に向けて

それから三か月後の五月、僕はバングラデシュに渡った。現地では、ユヌスさんが任命したグラミン社側の担当チームが待っていて、丸三日かけて共同で市場調査を実施した。その市場調査の結果を、最終日にグラミンとサンパワー共同でユヌスさんに報告のプレゼンを行った。

その報告をユヌスさんは大変喜んでくださって、すぐに次のステップである合弁に向けて話が進んだ。ユヌスさんからも、細かい助言や貴重なアドバイスをいただいた。

そして二か月後の七月、僕は再びバングラデシュに向かった。ユヌスさんが年一回、ソーシャル・ビジネスデーとして、世界中からソーシャル・ビジネスや国連の関係者を招いて世界会議を開催されるのだが、その場で僕たちの合弁会社設立の発表も行うこととなり、合弁会社設立の覚書も交わした。この年の十一月には、東京で合弁会社設立の記者発表も行ったが、そのときに父をユヌスさんに紹介する機会にも恵まれた。

二〇一八年七月に合弁会社（Grameen Japan Sunpower Auto）はスタートした。ユヌスさんと

2017年11月。東京での記者会見の前日ミーティング。左側中央が著者、右側中央がユヌスさん

初めて会ってから一年半後のことだった。

僕の海外事業経験の中では、おそらく史上最速のスピードだったと思う。何かに導かれているとしかいえないようなスピード感で合弁会社設立の準備は進んだ。

この合弁会社は当然ソーシャル・ビジネス・カンパニーとして設立された。

市場調査の結果

ところで、発展途上国の車周りの問題は、安全性の担保ができるかどうかにある。事故を起こしても直す技術がない。直す技術がないから、どの部品を使っていいかわからない。平気でトヨタに三菱のエンジンを載せたりする。だから修理技術も育たない。

修理技術が未発達だから部品もフェイク、偽の部品をつかまされてしまう。日本製といいながら日本製ではないことがよくあるのだ。このようなことが安全性の問題を引き起こす。

僕たちの市場調査の結論もそこに落ち着き、日本の技術を入れた修理工場を作ることにした。修理工場自体で一事業、それからもう一事業として、日本から直接、クオリティの高い安全な中古部品を供給して、フェイクパーツをつかませられないようにする事業。現在は十六人のバングラデシュ人の整備工が頑張ってくれているが、当初はいろいろと難航した。

実は、グラミンも当社サンパワーも、自動車修理工場をやったことがなかった。中古タイヤ事業をソーシャル・ビジネスとしてバングラデシュで始めたかったが、バングラデシュは中古タイヤに輸入規制があり、タイヤ事業はできなかったのだ。

世界にはいくつかの国で輸入禁止の商材がある。中古タイヤの場合でいうと、たとえば途上国で新品のタイヤメーカーの育成が国の政策になっていると、中古タイヤは自国には入れないように禁止項目になる場合があるし、実質上の締め出し策として、非常に高い関税をかけられる場合もある。

また、自国で廃棄物のリサイクルのシステムが作られていないから、ゴミだらけになってしまうということで輸入が禁止される、どちらかのパターンが多い。

市場調査の意味

ソーシャル・ビジネスにおける途上国市場調査のやり方について、少しだけ触れておこう。

ソーシャル・ビジネスは、単に僕らの事業を海外の途上国で展開して利益を上げるということではなく、現地の当該市場（当社の場合は自動車リサイクル及びその周辺市場の領域）の直面している社会課題の把握と抽出から始まる。

これが現地グラミンチームとの共同市場調査の目的になる。当然ながら現地の問題は現地のチームと共同で調査を実施しないと、問題を多面的、複合的に理解、把握することはできない。

僕ら（日本人）が僕らの感覚と経験に基づいて市場調査をしても、どうしても短絡的で一面的な見方しかできず、したがって、現地の社会問題や課題をもみほぐして本質的問題の原因を探り当てることは難しいといえる。

僕らの共同市場調査の結果は（これはバングラデシュだけに限らないが）、日本の中古車がどんどん入ってくるけれど（これからハイブリッドの車もどんどん入ってくるといわれている）、事故を起こしたときに修理する場所がないということ。まったくないわけではないが、極めて限られているため、「ない」という認識でも間違いではない。仮に修理する場所（現地ではワークショップという場合が多い、いわゆる自動車整備工場）があっても、修理技術に乏しい上に交換部品の知識がなく、修理に来たお客さんは自分の車が修理完了されるまで、その場でずっと待っている状態だった。

いろいろな社会課題はあるにしても、自動車リサイクル事業の周辺分野においては、これがいちばん現地の直面している課題だという点でグラミン側の共同市場調査チームと一致し、日本式の技術を入れた自動車整備工場をつくろうという案に行き着いた。

ハイブリッド車の修理対応もできるよう、日本に研修に来てもらい、日本で直接その技術を習得した者が現地に持ち帰り、そこで安全な修理技術を提供していく、というやり方だ。

さらにいえば、修理技術が未発達なため、交換部品の知識がない（部品の展開図自体がない）。現地で日本製の中古自動車部品として修理工場が仕入れている部品が日本製ではない場合も多く、このことが、自動車修理の安心安全を担保できていない大きな原因になっていることが把握できた。

以上のことから、僕らの合弁会社の二つ目の事業として、「日本から直接、安心安全な自動車中古部品を現地で輸入販売できるよう、ソーシャル・ビジネスモデルを構築する」ことも合意認識された。

ちなみに、どの製品の中古部品も日本製は質が良いというイメージが強い。これは僕らの先達が、仕様書に記載されていなくても、品質基準にプライドをもって設計開発したお陰だといつも感じるし、こういう日本人の先輩方のお陰で、Ｊａｐａｎブランドが今でも世界一の信頼を得ていることに感謝の念を深くする。

自動車中古部品も当然同じことで、日本では車検制度のお陰で、中古部品の状態がきわめて良好なのである。同じエンジンでも、日本で走っていた車か、他国で走っていた車かで、コンディションがまったく異なる。

そんなわけで、言い方は悪いが、現地で粗悪品を買わされるのではなく、日本から直接、一〇〇パーセント日本の品質基準に合格した自動車中古部品を入れることで、バングラデシュの自動車の安心安全を担保しようということになった。

ハッピーの循環

先にバングラデシュの当社合弁会社の若者を日本で研修する機会をつくりたいと書いたが、「途上国」におけるソーシャル・ビジネスにおいては、「人の循環」という視点はきわめて大切だ。これが「ユヌス・ソーシャル・ビジネス」の大事な哲学の一つだと理解している。

途上国は失業率がきわめて高いので、「就労機会」を提供するということに加えて、就労者の経済性を高める（貧困からの脱却）には、事業を通じて起業機会を提供するという「人の循環の仕組み」を、あらかじめソーシャル・ビジネスプランに入れ込んでおくことが大事になる。

マクロ的には就労機会の提供だけでは、失業者の母数が多過ぎて失業率の解消に追いつかない。起業支援をして、その事業が成長していけば、結果として就労者も増える。したがって就労支援と起業支援の両面で取り組んでいく必要がある。

就労しただけではなかなか給与が上がらないが、起業して経営者として成功すれば、社員のときより収入を増やすことも可能になる。

ユヌスさんはグラミンを通じて本当にさまざまな貧困撲滅の取組みをされている。ユヌスさんと合弁会社をつくる際、合弁会社で就労する若者には、一人でも多く当社事業を通じ、自分の出身地などで自動車整備工場を起業してもらうという仕組みを作ることを、初ミーティングで提案し、合意いただいた。

当社合弁会社とのフランチャイズで幹部候補生たちが少しずつ独立していき、自分の村や、ダッカ（首都）以外の第二、第三の都市にこういった日本式の修理工場をつくっていく。そこで日本から仕入れた安全な部品をつけて修理すれば、また雇用が生まれる。そういった善の循環、ハッピーの循環を目指した。

この本を読んで、当社のバングラデシュの工場で働いている若い整備工の研修を日本で受け入れてくださる方、ディーラー及び自動車整備工場様がおられれば、ぜひご連絡をいただきたい。

3　危機を乗り越えて

立ちはだかる壁

僕らのソーシャル・ビジネスプランの立上げに際しては、一つだけ行き詰まったことがあった。ソーシャル・ビジネスを立ち上げる際の重要なポイントになると思うので、僕らの行き詰まり経験を共有しておきたい。

ソーシャル・ビジネスの目的は、社会が抱えている問題の解決なので、必ずしも日本でやっている本業がそのまま生きるわけではない。本業の展開ではなく社会問題を解決することが大切なので、どうしても自社の経験だけでは不足する部分が出てくる。

僕らの合弁会社設立に当たっては、双方に修理技術の経験がないため、途中でビジネスの計画が頓挫してしまった。そのとき一度僕は、かなり真剣にユヌスさんとの合弁会社設立を諦めかけた。無理かもしれないと思ったのだ。でもここで諦めたら、自分たちの会社が率先垂範となって、日本や世界にソーシャル・ビジネスの啓蒙活動ができなくなってしまうと思うと、それだけは絶対に避けたかった。

そんなときだった。何千台もあるグラミンの社有車の修理を請け負っている現地の修理工場が、僕たちの合弁に参画すると名乗り出てくれたのだ。

それからは一気に事業計画が進んでいった。神がかっていたとしか思えない。その会社は自社を全部閉じて、僕らの合弁に社員全員を引き連れて入ってくれた。その会社の社長は平取締役になるにもかかわらず、それでも僕たちと一緒にソーシャル・ビジネスを実行していきたいと言ってくれた。バングラデシュ現地資本がさらにもう一社合弁に加わることをユヌスさんも承認してくださった。

普通、現場で仕事をされている方の多くにとって、ソーシャル・ビジネスといえばどうしても理想論に見えてしまうだろう。どうしても日々食べていくのが精一杯だから。でも彼はそうではなかった。ユヌスさんのことを心底尊敬されていた。だからこの機会に自分も仲間に入って、自分のもっている修理工場をバングラデシュの社会問題の解決と貧困問題の解決のために役立てていきたいと、我々の合弁会社参画に名乗りを上げてくれたのだ。僕は本当に彼に感謝をしているし、心底尊敬している。

ビジネスはなんでもそうだが、とりわけ海外ビジネスや海外でのソーシャル・ビジネ

合弁会社の竣工式で、ユヌスさんとテープカット

スに取り組むと、日本国内でのビジネスでは経験しないような障壁や課題が出てくる。当然これらを一つひとつ丁寧に乗り越えていかなければならないわけだが、その障壁や課題を乗り越える原動力は「理念」（使命、思い）なのだ。

ユヌスさんとの合弁会社のケースでいえば、なぜユヌスさんと会社をつくるのかという目的（理念）を真に理解できていたかどうか、また、ビジネスを通し、貧困問題に寄与していく覚悟が本当にあるか、そういった理念や覚悟が障壁を乗り越えさせてくれるのだ。

僕らの合弁会社は、定款に「ソーシャル・ビジネス・カンパニーとして設立される」

ということがいちばん初めに謳われている。具体的には四つの自動車に関係する社会問題の解決を目指すことが記載されている。それをソーシャル・ビジネス事業として、時系列を追って一つひとつ手掛けてゆく。初めの二つが安全な修理工場と日本からの中古部品輸入事業。今はこの事業の段階。次の第三段階で「自動車のリサイクル工場」設立、そして第四段階は「電気自動車の生産」になる。

僕はこの合弁会社の共同代表という立場で、ユヌスさんはアドバイザー。代表は現地グラミン側の人間。とても優秀で人間的に温かみのある方だ。

着ている服で相手を見ない

この合弁会社の立ち上げで、ユヌスさんはじめ多くの海外の人たちに出会ったが、そこで思ったことがある。通常日本だとパートナーを見極めようとするとき、まず見るのが売上規模、社員数、どういう業界か、個人の場合は学歴や職歴など。つまり、その人の着ている「服」を見る。

ところが海外のリーダーたちはそうではない。着ている「服」を見るのは最後。まずは目の前にいるパートナー候補が、「将来どの山に登ろうとしているのか、何を考え、ど

バングラデシュ、自動車整備工場及びパーツ販売倉庫の内部

う未来をつくっていきたいと思っているのか」ということを見てくる。これが一流の国際リーダーの目利き力だと僕は思った。

そういった意味でいえば、ユヌスさんは僕の着ている「服」をまったく見なかった。川村が何を考え、熱意はあるのか、どの山に登ろうとしているか、熱意はあるのか、ということしか見ていなかったと思う。ご本人には聞いてはいないが、初回のプレゼンをする中で、僕はそう感じていた。

おそらくユヌスさんのように、国際社会で活躍する一流のリーダーは、目の前の相手を着ている「服」で判断しないのだろう。ユヌスさんはその典型で、大統領と面談しようと、貧困層の若者と会おうと、素性も知らない我々のような者と会おうと、相手によって態度を変えることはない。本当にカッコいい。マザー・テレサさんもそういう方だったと聞いている。僕も少しでもそうありたいと思う。

共同市場調査の価値

さて、僕たちはユヌスさんのグラミン機関と共同で市場調査をしたのだが、現地のパートナー（グラミン）との共同市場調査というのは、僕自身初めての経験だった。それまでは自分たちで乗り込んでいって現地でビジネスパートナーを探したり、セネガルでは現地法人をつくったり、すべて自社だけで進めていた。

だからこのグラミンの市場調査のチームが果たした価値の大きさには、僕たちはものすごく驚いた。いろいろな角度から多角的、複合的に、現地の状況を調査し、僕たち日本から来た経営者チームとの議論を通じてソーシャル・ビジネスモデルを作っていった。僕たち経営者四人は皆、グラミン社との共同市場調査自体のすごさには感心した。これが研修だったら百万円ぐらい払ってもいい価値があると思ったものだ。

教室で一年間、事業計画を学ぶより、一週間バングラデシュでグラミンと共同市場調査をして事業構想立案をするほうがはるかに深く異次元の学びを得られると感じた。

当初は合同の市場調査ということで行ったけれども、実態はもう研修に近く、学びの連続だった。僕ら日本人には得られない視点が多く、正直消化しきれないくらい。それだけ現地の状況がわかっていなかったんだと、率直に思わざるを得なかった。

また、あまりにも日本企業が海外進出（とりわけ途上国へ）に出遅れているのを知って、何か僕にできることはないかと考えるようになった。


二〇一七年八月、セネガルでサンパワーセネガルを登記したが、僕らで日系企業の現地進出は四社目。五社目がカゴメさんだったように思う。バングラデシュにおけるグラミン社との合弁設立も、ユニクロさんやユーグレナさんらに続いて当社が四社目だった。

僕は大学卒業後、ずっと海外事業に従事していたので、日本企業が海外進出していないことに切実な危機感を覚える。日本はほとんどの企業が顧客を日本の中だけに固定しているが、今後はそれでは立ち行かなくなるのではないか。否応なく、顧客を日本の外にも求めていかざるを得ない状況になってくると思う。

特に僕らの子どもの世代は、「日本と海外」という対比ではなく、「世界の中の日本」というように、よりグローバルな観点で事業を行っていかないと食べていけなくなるのではないだろうか。我々大人の世代が、一応食べていける今の環境にあぐらをかき、安住していては、子どもの世代が大変なことになる。僕は子ども世代への大人の責任も痛切に感じていた。

事業構想プログラムを思い立つ

そういう思いのもとに二〇一九年五月、「バングラデシュ事業構想プログラム」を開始した。バングラデシュ事業構想プログラムは、海外進出を考える日本の企業経営者にバングラデシュを視察していただき、実際のソーシャル・ビジネスの現場をより深く理解してもらうための事業だ。ソーシャル・ビジネスに取り組みたい起業家や社会人も大歓迎だ。自社（サンパワー）とグラミンだけでソーシャル・ビジネス・カンパニーをつくるのではなく、僕らの活動を縁（契機）にした、他の日本企業・起業家・社会人のソーシャル・ビジネスの起業や、海外進出のサポートも視野に入れての出発だった。このプログラムは年二回で、二〇一九年は五月と十月に実施し、あわせて二十五社程度の経営者、起業家、社会人の参加をいただいた。

ソーシャル・ビジネスを起業したり、海外事業をつくってもらうのが目的なので、視察ツアーの最終日には希望者に、僕らが行ったようなグラミン幹部への事業構想のプレゼンをしてもらうことにした。「こんな事業をバングラデシュでしたいという思い」のプレゼンの指導などをするので、一回あたり十五社くらいが限界だろうか。

このプログラムは、グラミン社との共同市場調査で得た経験から感じたかけがえのない価値を、僕たちから日本の企業にも提供したいという思いで企画したものだが、たとえ一社でもいいから海外進出してほしいという強い願いに基づいている。

僕はバングラデシュという途上国において、ユヌス・ソーシャル・ビジネス哲学をベースに自分の合弁会社で若い従業員を起業させ、経営者として育てるだけなく、日本からグラミンとの合弁会社に名乗りを上げる人も育てたいと思っている。

二〇二〇年もまた五月に予定していたが、コロナウイルスの影響で延期せざるを得ず、状況が落ち着けば、開催する予定でいる。

パートナーとしてのグラミン社

当社サンパワーは創業から四十四年、一貫して企業の海外事業全般の支援をさせてい

第１回バングラデシュ事業構想プログラム（2019年５月８日）

ただいているが、今いちばん求められているのは、通訳、書類翻訳、貿易手続きの代行などではなく、海外進出をサポートする事業だ。特にこれからの日本を考えた場合、これが社会の大きな課題になると感じている。「バングラデシュ事業構想プログラム」はまさにその第一歩だった。

当社には複数の途上国との間で築いてきたビジネス基盤があるが、途上国における市場調査を実施する場合は、やはりグラミン社が最高だと思う。

海外でビジネス開発をする際、現地パートナー企業の「理念」と「経営力」は極めて大事で、これが伴わないと、いくら日本で利益が出ている事業でも、途上国ではうまくいかない。また、市場調査の第一目的は「相手を知る」（相手国を知る）ことなので、「体系的」に理解するということが大切だ。

グラミン・グループは五十社以上の企業体を形成し、各々の企業（業種）がその事業を通じて貧困問題の解決に寄与している。こんな企業体を訪問し、各々の事業モデルを理解できる機会など滅多にない。今後はバングラデシュに続き、アフリカやほかの途上国における事業構想プログラムも検討、実施していく予定だ。もちろん、ユヌス・ソーシャル・ビジネス・カンパニーを通じ、ユヌスさんの哲学を学んでいただくこともできる。

株主への配当はなし

こうして振り返って見ていくと、いろんな幸運が後押しをしてくれているように思わざるを得ない。すでに書いたように、運命論ではないけれど、「お前にこういう機会を与えるから途上国と日本の橋渡しになって頑張れ」と言われているとしか考えられないのだ。ユヌスさんとの合弁会社は、海外進出した最初の月から黒字で、現在三期目になるが、今も黒字が続いている。

ビジネスにおいては当然だが、ソーシャル・ビジネスにおいても「黒字」は必須だ。ただその違いは、その利益をどう使うかにある。利益の一部を用いて社会課題の解決のために再投資するのがソーシャル・ビジネスなのだ。

ユヌスさんのユヌス・ソーシャル・ビジネスには七原則というものがある。その一つが、「株主には配当はない」という考え方だ。だから当社サンパワーにも株主への配当はない。しかし当社のソーシャル・ビジネスモデルの中にキャッシュポイントが織り込まれているので、当社へ株主としての配当は必要ない。

ユヌス・ソーシャル・ビジネスの哲学には、「貧困の根本原因は、富める者とそうではない者の格差にある」という考えが根底にある。つまり「富の不均衡」。ゆえに、ユヌス・ソーシャル・ビジネス・カンパニーの場合は、投資した投資家（オーナー）が、自分の投資金額以上の回収をしてはいけないというルールがある。これはあくまでグラミンと仕事をする場合の原則で、だから株主は配当を受け取らない。その利益は、従業員の福利厚生の向上や新たな社会問題解決の原資などに用いられる。

ちなみに、ユヌス・ソーシャル・ビジネスの七つの原則は、以下の通りである。

①ソーシャル・ビジネスの目的は、人々や社会を脅かす貧困、教育、健康、技術、環境

といった問題を解決することであり、利潤の最大化ではない。
②財務的・経済的な持続可能性を実現。
③投資家は投資額を回収するだけで、それを上回る配当は行われない。
④投資元本の回収後の利益は、会社の拡大や改善のために使われる。
⑤環境に配慮する。
⑥従業員は市場賃金を得つつ、標準以上の労働条件を享受する。
⑦楽しみながら行う。

利益の使い道

日本でソーシャル・ビジネスというと、ボランティアや寄付的なイメージがあるし、ソーシャル・ビジネスを謳いながら、利益が上がっていない企業も多い。たしかにソーシャル・ビジネスで社会性と経済性の両立を目指していくのは難しい。それは僕もよくわかっているつもりだ。

実際に先日も、日本で大変有名な大学院大学でソーシャル・ビジネスの講演をしたとき、「社会性と経済性の両立」に関する質問が相次いだ。

ソーシャル・ビジネスを起業する場合、まずは経済性（収支）の確立は必須だ。収支が立たないと当然事業の継続はできないし、社会課題解決のための活動もできないからだ。その一方で、収支がしっかりしてくると、僕らグラミン・ソーシャル・ビジネス・カンパニーでは、その利益の使途を厳しくユヌスさんに問われる。確かにそのとおりで、利益は目的ではなく、社会課題解決のための手段であるから、利益をどう社会のために使うかについて、その企業のＣＥＯはしっかりユヌスさんや関連株主に説明しなければならない。

当社の場合は、中古タイヤ、自動車中古部品という非常に明確な輸出品目をもっているのが結果的に良かった。海外の現地社会で当然必要なもの、しかも常に供給しなければならないものをもっている。

こうした動かせる物（輸出品目）をもっているというのは、結果的には強みになる。サービスだけだと、どうすればキャッシュポイントを得られるのか、その収益源泉の仕組みの確立が容易ではない。サービスは目に見えにくいので、顧客の価値の認識をしっかりと可視化してあげる必要があるけれど、そこが難しい。だから僕は貧困に苦しむ方々や、社会的弱者への就労支援事業をされている方を本当に尊敬する。

加えていえば、収支の確立に次いで、その収支のモニタリングも同じくらい大切だ。ユヌスさんはグラミン銀行を起業された方だけあって、担保もない貧困層の人々にお金を貸したときそれがどう戻ってくるかといった財務分析や収支のモニタリング管理という手法が、グラミンの中ではすごく確立されている。こうした収支状況のモニタリング・システムが確立されているが故に、本当はお金を借りられないような人たちにもグラミンはお金を貸すことができるのだ。

グラミンと合弁した僕らの会社の中でも財務部がこの手法にのっとり、事業収支のモニタリングなどをしてくれているので、合弁会社のＣＥＯは経営がしやすいと思う。僕もオーナー兼共同代表という肩書で合弁会社の経営に従事しているが、財務部が用意してくれる役員会の資料にはとても助けられている。

次章では、ユヌスさんの事業内容と哲学をより深く理解していただくため、そもそもユヌスさんがグラミン銀行を立ち上げた経緯を振り返ってみたいと思う。

第五章

バングラデシュ事業構想プログラム

1　グラミン・グループの発端

ユヌスさんの足跡

ここで、ムハマド・ユヌスさんがいちばん初めに興した組織、グラミン銀行について説明しておこう。

ユヌスさんはバングラデシュのチッタゴン大学で経済学を教えていた。しかし経済学を教えていても、国がなぜ貧しいままなのかは教えることができず、壁にぶつかった。経済学を教えても国が豊かにならなかったら、自分がその仕事をしている意味がない。経済の動きの仕組みをただ解説するだけだったら、何の経済の発展もない。バングラデシュは切実な貧困問題を抱えているのに、経済学を教えても貧困問題が解決しないのであれば、何のために自分が経済学を教えているのかわからないと思ったという。

そうした日々、ユヌスさんが貧困問題の根本を考える中で閃いたことは、貧しい人にお金を貸さないでどうやって貧困が解決するんだ、ということだった。

そこでユヌスさんは、既存の銀行を訪ねて貧しい人にお金を貸してあげてほしい、そうしないと国はいつまでたっても貧しいままだと説いて回った。しかしユヌスさんは相手にされず、どうしたらよいか思い悩んだ挙句、試してみたのが、大学の先生をしながら自分のポケットマネーを用いて、少額を担保なしで、貧困層（主に女性）に貸すことだった。これがいわゆる無担保小口融資（マイクロファイナンス）の始まりだった。

ユヌスさんは学者なので緻密に融資の仕組みを検討された。途上国の場合、男性は女性が稼いだお金を飲み代に使うなど素行が良くない者も多いので、融資しても返済率は低いと考えられる。その一方、女性は子どもを育て、資金繰りや生活上のやりくりを任されているので、責任感も強い。そういう背景を調べ上げた結果として、女性でもとりわけ主婦、子どもを育てている主婦を対象に、少額のお金を貸すことにしたのだった。

貧困家庭の主婦はそれを元手に自分の村に帰って自分たちでビジネスをする。ミルクを買って自分の村で売り歩いて、それで元本を返す。このようにして、融資をした女性からほとんど元本が戻ってきた。一〇〇パーセント近い返済率だった。その実績をもって、もう一度、ユヌスさんは既存の銀行に行ったけれど、またもや相手にされなかった。ユヌスさんはもうこれは自分で事業を興すしかないと決意し、一九八三年にグラミン銀行を創設したわけだ。

ちなみに「グラミン」とは、現地語で「貧しい村の人々のために」という意味だそうだ。「グラミン銀行」。素晴らしい名前ではないだろうか。

この功績が称えられて、ユヌスさんとグラミン銀行は共同で二〇〇六年にノーベル平和賞を受賞した。

バングラデシュ全土に約八〇〇万世帯の利用者をもち、九七パーセントが女性、九八パーセントの返済率。教育、医療、エネルギー、情報通信など多くの分野で五〇社以上のグラミンファミリーを形成。マイクロクレジットは欧米諸国含め一三〇か国以上で実施されている。日本でも「グラミン日本」が二〇一八年九月に設立されている。

単なる融資を超えて

ユヌスさんは次々に貧困層の家庭に光を当てていった。グラミン銀行からお母さんが融資を受けている家庭では、融資を受けたお母さんに頑張ってもらうだけでなく、その家庭の子どもたちにも光を当てた。貧困層家庭の子どもたちにはそもそも教育の機会がないし働くところもない。お母さんに融資するだけでなく、その家庭の子どもに何かできないか。

絶えずこういう思考のサイクルを、ユヌスさんとグラミンは回してゆく。

まずはその子たちに就労の機会を与えるためにグラミン企業で雇う。しかし、実質的な失業率（グラミン調べ）が非常に高いので就労の機会を与えただけでは失業者の母数が減らない、そうすると今度は雇うだけではなく、この子たちに起業家になるための育成のプログラムを受けさせる。ユヌスさんはさまざまな試みに挑戦された。

そうした施策を通じて貧困問題に立ち向かっていくわけだが、いちばん土台の根っこにあるのは、貧しい人たち、特にグラミン銀行からお金を借りた家庭を、その子どもまで良くしてあげたいというユヌスさんの思想や哲学で、僕はそこにとてつもない大きな愛を感じた。

グラミン・ダノン

こういう背景のもとにユヌスさんはグラミン銀行を創設した。ユヌスさんとグラミンの方々の発想自体が、仕事そのものの目的は自国の貧困問題の解決で、収益はその持続性を担保するための手段であるというもので、資本主義の原則とはまったく逆を行く。従来の資本主義では、財務結果としていかに株価を上げるか、もっと言えば株価を上げること自体が経営の目的になっているが、それとは一八〇度違うところを目指している。

ユヌスさんのソーシャル・ビジネスが世に広く知られるようになったのは、フランスのヨーグルト・メーカー、ダノンの創業者がユヌスさんと意気投合したことが大きかったと思う。

二〇〇六年に設立されたグラミン・ダノンは、子どもたちの必須栄養素を補助することを目的とした栄養強化ヨーグルトを提供している。グラミン銀行から融資を受けた女性が、ヤクルト・レディーのように自分たちの村で販売するという流通経路を設定。これまで五四三の農家、二七七人のグラミン・レディーにより、三〇万人の貧困層の子どもたちにヨーグルトが届けられた。

「おいしいヨーグルト」という先進国用のマーケティング要素ではなくて、村の貧しい人でも充分に栄養がとれることを目的にグラミンでヨーグルトを作る。

ダノンから栄養価の高いヨーグルトを作る技術がバングラデシュに移転され、グラミンからダノンには、貧しい人でも買えるような販売設定、原価設定、原価の工夫などのノウハウを提供していく。フランスの大企業のダノンからすれば、ソーシャル・ビジネスを理解するだけでなく、彼らが大企業として途上国に進出していくときのノウハウの蓄積と経験にもなるわけだ。サッカーのジダンもグラミン・ダノンのサポーターになっている。

この事例からも、フランスという国がサスティナビリティーに対する意識がすごく高い理由が納得できる。ユヌスさんはパリ市と契約して、パリ市をソーシャル・ビジネス・シティとする取組みもしている。フランスの大手MBAビジネススクールのHECもユヌス・ソーシャル・ビジネス特別講座を開催している。

どのような企業が集まっているか

ユヌスさんは、このようにして先進各国の企業とともにバングラデシュの貧困問題など社会問題解決のためのソーシャル・ビジネスの合弁会社を次々とつくっていった。アメリカでは、インテルと組んだグラミン・インテルがある。

日本だとユニクロ（グラミン・ユニクロ）とユーグレナ（グラミン・ユーグレナ）がグラミンと合弁会社を設立している。

いずれもソーシャル・ビジネス・カンパニーとして設立するわけだから、会社の定款にも、どういった社会問題の解決を目的とするかを謳うことが必要で、それが経営の目的となる。

僕ら先進国の企業にとって、そういう視点というのはものすごく新鮮であると同時に盲点だった。つまり短期の利潤を上げるということではなくて、そもそも貧しいわけだからきちんとした循環を作らなければならない。だから継続性が絶対に必要。単に一企業が儲けるとか利潤が増えるとか減るとかの次元ではなく、生きている国民の生活レベルを上げていく、あるいは疾病率を下げる、そういうことと直結している。逆に言うと、それが先進国の企業が今まで持ち得なかった視点だと思う。

ただ、グラミンと組んでいる大企業の特性を見ると、その多くが創業者兼オーナーの会社だ。ダノンにしてもユニクロにしてもユーグレナにしても、みな創業者兼オーナー。上場企業の場合、通常は「雇われ社長」なので、株主の意向が気になり、真正面からソーシャル・ビジネスに取り組むのは難しい。

こういう点が、僕がアメリカで働いているとき、ユヌスさんの本を読んでまさに思ったことだった。ここがボトルネックというか弊害になって、上場企業を中心とした大企業にソーシャル・ビジネスが浸透していかないのだと思った。そんなことをやっている暇があったら、中国でもどこへでもお金を投資して高い利潤を得ろと株主から言われるリスクが高い。また経営者も株主に説明責任を果たせない。ただ単に社会貢献が目的なら、それはNPOやボランティアに任せるべきだと言われかねないのだ。

ユヌスさんと（2018年6月28日）

でも商社や外資系企業で働いた経験から僕は、ユヌスさんの本を読んで学んだ「ビジネスの目的は世の中の役に立つことと、社会課題の解決。そのために利潤は必要」という考えこそ真実だと、ずっと思い続けてきた。

だからこそ僕は父の会社を引き継いだあと、非常に高いリスクを負いながらもアジアやアフリカの途上国、まだ市場としてまったく未熟な国々に打って出た。それは、とても必然的なことだった。

前にも書いたが、十年以上前、ユヌスさんの著書『貧困のない世界を創る』をアメリカ駐在時に読んだとき、赤ペンで、

①バングラデシュに進出するときは、ユヌスさんといっしょに会社をつくる。
②それをステップにして、さらにソーシャル・ビジネスの考えを世の中に普及する取組みを行う。

と書き込んでいた。「思い」とは不思議だしおもしろい。やはり「思いは実現する」のだ。同時に、文字にした「思い」が、自分の人生の役割、使命であると思えてくるのだ。

日本企業ももっと海外進出を

こういう状況で、ここ数年来ずっと、日本の海外進出、とりわけ途上国への進出のサポートをどのようなかたちで行うのがいいかを自分なりに考えてきた。一社一社対応するのはコストがかかるし、そもそも進出ができると思っていない日本の企業経営者のマインドのなかで、どのようにサポートしていくのがいちばんいいのかと考えてきた。

そんななか、二つの変化があった。一つは中古タイヤおよび自動車中古部品の事業で、僕が海外に行くときにどんどん同業の経営者が付いてくるようになったこと。そうした場で海外事業の説明だけではなく、なぜサンパワーは途上国で直接仕事をしているのか説明をすると、皆さんものすごく喜ばれる。なるほど、サンパワーのしていることはこんなに世の中に役立っているのか、このようにすれば海外と仕事ができるのか、というのを、同業の経営者が非常に喜んで聞いてくれるようになった。

そんなことから、これは同業者の間で展開していくだけではなく、もっと広げ、すべての業種の企業の海外進出のお役に立てないものかと思案するようになった。

それからもう一つは、二年前、僕がグラミン関係の出張でバングラデシュに行くとき、京都で有機ゴミのリサイクルをやっている知人の経営者も同行したこと。彼がそのリサイクル事業をバングラデシュでやりたいというので、僕とユヌスさんの古タイヤリサイクルのソーシャル・ビジネスの研究も一緒にやろうと動いていたこともあり、ユヌスさんに紹介した。その際、彼の有機ゴミのリサイクル事業について、現地でグラミン社と打合せを行ったところ、彼は「こんな素晴らしい活動をしているんだったら、こういう機会を他の企業にも与えるようにしたらいいんじゃないですか」と言ったのだ。

こうした二つのこともあり、その後半年ぐらい悩んだ結果、自分が今まで海外に育ててもらった恩返しの意味で、本腰を入れて日本企業の海外進出や、起業家・社会人のソーシャル・ビジネス起業の支援をやろうと考えるようになった。そしてどうせやるなら、ユヌスさんのバングラデシュを手始めに日本の海外進出の機会をつくっていこうと決断するに至った。

以上が、自動車リサイクル関連の合弁会社に続く二つ目の共同事業を企画し、実行に移した経緯だ。すなわち「日本企業のグラミン社との合弁会社設立、共同事業開発を目的」とした「バングラデシュ事業構想プログラム」(Grameen-Sunpower Global Social Business Start-up Program)だ。事業構想というと響きが硬いが、英語ではスタートアップという言葉が使われている。

2　事業構想プログラムの実際

プログラムは事業化の入り口

僕は教育者ではなく事業家だ。事業家は「結果」がすべて。だからこのプログラムはただ単に途上国を見たり、ユヌス・ソーシャル・ビジネスを体感したりするものではない。最終的にそこでグラミンとの事業までもっていくのが目的なので、現地視察ツアーの最終日に参加者の希望者全員に、グラミン中核のCEOを前に自分の考えをプレゼンしていただく。参加人数は限られる。理想は一〇名、最大でも一五人ぐらいが限界で、去年はこの規模で実施した。

ユヌスさんにも一時間近く時間を取っていただいている。この超貴重な機会に、参加者がどうしてもユヌスさんに聞きたいことを事前に募り、当日直接ユヌスさんに答えていただいた。みな日本からの参加だが、二〇一九年一〇月の開催時は、モンゴルからもモンゴル人社長が参加され、モンゴルの貧困問題解決のヒントを得て事業に活かしたいと話していた。

現在、参加した会社のうち三社が実際にグラミンとの共同事業の立ち上げに向けて動いている。うち一社は事業立ち上げのための「覚書」をすでにグラミンと交わすところまで来ている。

ユヌスさんとは、「十年以内に、合弁なのか共同事業なのか事業の形態は別にして、できれば三十社ぐらいの橋渡しを、日本企業とグラミン社との間で実現したい」ということを、この事業構想プログラムの目的として設定した。

この「事業構想プログラム」はそのための「入り口」のプログラムになる。これを修了された方は、次の「マーケティング・プログラム」という個別の事業構想を具現化していくための「市場調査のフェーズ」に入っていただく。

『「バングラデシュ事業構想プログラム」で自身がプレゼンしたものに特化した市場調査』を、半年後なり一年後なりにもう一回バングラデシュに来てやっていただき、海外事業立上げのスタートラインに立つ。これは僕がユヌスさんと合弁会社を設立したときに実行したステップとまったく同じだ。二回か三回、共同市場調査をすると、だいたいのところが見えてくるようになる。

二〇一九年十月の第二回バングラデシュ事業構想プログラムには、前述したように、モンゴルから当社ビジネスパートナーの社長さんに参加いただいた。モンゴルも国民の二〇パーセント以上がいわゆる貧困層ということで、ユヌスさんのソーシャル・ビジネスの神髄を学び、自国でソーシャル・ビジネスに取り組むために参加されたという。こういう方こそ企業経営を超え、自国の国家経営にもチャレンジしていただきたいと切に願っている。

Professor Muhammad Yunus
Chairman

Yunus Centre
Grameen Bank Bhaban
Mirpur 2, Dhaka 1216, Bangladesh
Phone : 880 2 9035755

Date: 14th January, 2019

Dear Leaders,

Thank you very much for participating to the Seminar of "Grameen & Sunpower Social Business Start-up Tour". As already informed, this is a joint program between Sunpower and Grameen Communications.

Actually, Kawamura-san and Grameen Communications conducted the field research together in Bangladesh back in May 2017, jointly designed a social business concept and jointly proposed to me to create a social business company between Grameen and Sunpower to contribute to solve the issues in recycle auto industry in Bangladesh.

I recognize that more than 95% of the companies in Japan are small to mid sized companies and many of them have good technology & products which can be utilized in Bangladesh as well as in other developing countries.

I highly recommend that you participate in this start-up tour and get the inspiration to launch the joint venture company with us. I assure you that you'll enjoy the tour. This tour will generate many ideas and experiences which will help you to find the success for your company. I wish you a new vision for your company.

I hope to meet with you soon here in Dhaka.

We'll hold the Social Business Day 2019 in Bangkok on June 28 – 29, 2019. I'll will be there. There'll be many others who would like to meet you. Don't miss it.

Best regards,

Muhammad Yunus
2006 Nobel Peace Laureate
Chairman, Yunus Center
Founder, Grameen Bank

事業構想プログラムへのユヌスさんの推薦文

ユヌス方式を他地域にも

二〇二〇年はコロナウイルスの影響で五月開催予定のプログラムを延期にしたが、今後、サンパワーセネガルの社長と新潟の国際大学出身のサンパワーセントラルアフリカの社長の二名の当社CEOにもバングラデシュ事業構想プログラムに参加してもらう予定でいる。

そしてゆくゆくは、このバングラデシュ事業構想プログラムの参加者については、日本のリーダーが半分、海外のとりわけ途上国のリーダーが半分というチーム編成を理想に考えている。

つまりこの事業構想プログラムのもう一つの目的は、バングラデシュのユヌスさんのソーシャル・ビジネスモデルをほかの途上国に移植することでもある。

アフリカについては、当社は本業の中古タイヤ事業で進出し、それを入り口に、次のステップとして、バングラデシュのユヌス・ソーシャル・ビジネスを少しずつ移管し、アフリカの進出先にソーシャル・ビジネスを展開していくようにしたい。

現地滞在は三日半

今後も五月と十月、年二回開催予定の「バングラデシュ事業構想プログラム」の日程は次のように考えている。

渡航（移動）時間を除き、現地には三日半の滞在となる。一日目は昼過ぎに現地空港に到着、午後はグラミンの本社に行き、ユヌスさんのノーベル平和賞会館の見学やグラミン中核企業の紹介など。二日目、三日目は完全にフィールドに出て、グラミン銀行、およびグラミンの中核企業六社程度を個別訪問し、その企業のソーシャル・ビジネス・カンパニーとしての成り立ちや哲学、収支と社会性の両立などについて実地で学んでいただく。

これまでは毎回、参加者からの質問は旺盛だった。特にいちばん質問が止まらないのはグラミン銀行のフィールドツアー中だ。

普通、銀行は、自分の所にお客さんを来させる。これはごく当たり前の感覚で、僕は横浜の綱島に住んでいるが、銀行に用事があるときは当然銀行の綱島支店か横浜支店に行っている。しかし、グラミン銀行は違う。貧しい人のための銀行だから、貧しい人々の住んでいる地域を選んでそこに支店をつくる。銀行に来させるということをしない。これがユヌスさんの哲学だ。お客様である貧しい人に来させないで、「貧困の現場に寄り添う」ために、そのお客様である貧困層の人たちが住んでいる現場（村）に銀行支店を作りなさいというものだ。

僕らが本プログラムでグラミン銀行を訪問すると、その現場（センターと呼ばれる）にお金を借りている主婦の方々が集まってくれて、彼女らがお金をグラミン銀行から借りた経緯や、借りたあとどのように各々の家庭が経済的に変化したかなどを質疑応答させていただく。また実際に、主婦の方がセンターでお金を借りたり、返済する様子も見学させていただく。

こういった現場でのやり取りは「教室の中」の講義だけではなかなか伝わらないけれど、僕たちリーダーがそこの現場に行って参加者に見てもらうだけで「ものすごい」と感じてもらうことができる。やはり真実は現場にしかない。フィールド、現場に出向くことで、参加者各々の貧困の理解や、なぜユヌスさんがグラミン銀行をつくり、また五十社以上もグラミン関係企業（ソーシャル・ビジネス・カンパニー）が設立されるに至ったのかが、ひしひしと伝わってくるのだ。

「グラミン銀行から借りたお金で、今、二頭目の牛をようやく買って給料がこうなっているんですよ」「借りたお金で機織り機を買って、一日何枚も織物などを作って、これを売ってようやく生計立てているんです」などといった話を直接聞けば、参加した経営者たちは、

「自分のビジネスを通して、貧困を目の前にした人々の課題にどう向き合っていけばいいのか」ということを、僕が想像する以上に考えるようになる。人間はだれしも優しい部分を持ち合わせているから、魂がそうなってしまうのだと思う。今の日本ではなかなか見られない光景かもしれない。

だから三日半のフィールドツアーで、第一回（五月）も第二回（十月）も、僕からストップをかけないと、参加者からの質問が止まらない状態だった。それぐらい参加者の皆さんは「ユヌス・ソーシャル・ビジネス」の原点である「グラミン銀行の現場」から「何かとてつもなく美しいもの」を感じとったのだ。もはや言葉で表せないようなものを。

「貧困」という言葉は巷にあふれているけれど、「貧困の現場」を実際見てしまうと、これまでのようには軽々しく「貧困」を口にできなくなってしまう。僕自身、今でも時折反省する。軽々しく貧困という言葉を使うな、と。まさに百聞は一見に如かず。どれだけ教室の中や机上で学んでも、実際の現場経験に勝る気づきや学びはない。実地経験こそ、自分自身を深くインスパイアしてくれる。自己革新、自己変革の大きなきっかけとなる。

最終日にプレゼン

最終日はグラミンの中核的幹部への事業提案のプレゼンだ。バングラデシュに来る前の自身の思いと、実際にバングラデシュで見聞きした体験をベースに、グラミンへの事業提案を各自行う。希望者という前提だが、バングラデシュに行き、ユヌス・ソーシャル・ビジネスの神髄に触れると皆さんはモチベートされてしまうので、結局参加者全員がプレゼンをすることになる。

伝えたいことは三枚のスライドにまとめていただく。これが結構難しい。一社（または一チーム）十五〜十七分。プレゼン自体は五〜七分、その後グラミン幹部からのフィードバックと質疑が続く。

参加者は大変貴重な経験をされるわけで、英語がまったくダメな方は僕が代わりにプレゼンを行うが、片言でも英語ができる方は極力ご自身でプレゼンすることをお勧めしている。経験こそ財産になるからだ。前日に英語翻訳アプリを使い、発表内容を原稿にまとめて、当日自分で発表される方もいる。そういう参加者の皆さんのがんばりには感動してしまうくらいだ。

綺麗な英語など使う必要はないのだ。大事なのは、「気持ちを込めて」いるかどうかで、そういう発表は相手の胸に刺さる。また、バングラデシュまで来て、自分が発表したという経験は帰国後も本人の自信につながるようだ。

自分の思い（事業構想）を込めたプレゼン資料を三枚にまとめるのは容易ではない。十枚も二十枚も用意することに慣れている人のほうが多い。だから皆さんに、まずは日本語でプレゼン資料を書いていただき、その後、三枚にまとめる段階で英語のプレゼン資料を作る。というか、実際は「伝えたい思考を深掘りする」という作業になる。何をいちばん伝えたいか、何が経験に基づいていて、経験していないものは何か、真実は何かなど、思考を深掘りすることで、いちばん伝えたいことが見えてくる。それを三枚にまとめるのだ。

日本語で思いを伝えたMさん

参加者一人ひとりのプレゼンは本当に素晴らしい。いくつかの例をご紹介しよう。

二〇一九年五月の第一回事業構想プログラムに参加された大阪のとある塗装業の社長（以下、Mさん）。塗装業は、ペインティングはもちろん、足場を組むこともある現場仕事だ。

Mさんは役員の方も連れて二名で参加された。Mさんの息子さん（同社勤務）も二十代そこそこで働いている。Mさんは自分の代はいいが、息子に継ぐときはこのままではいけないという危機感があった。海外進出のチャンスがあるのなら、自身は海外との縁がないけれども、頑張ってみたいと参加された。とても立派な動機だ。自分の代は今のままでも何とかやっていけるが、息子の代はもうそうはいかなくなる、今のうちに創業者として行動し、一度、発展途上国の実情を見て考えたいと決意されたのだ。

Mさんは英語がまったく駄目。だからMさんに関しては、最終日にグラミンの中核企業幹部の前で僕が全部プレゼンを行った。ただプレゼン当日、Mさんは感極まってしまい、プレゼン開始の土壇場になって日本語でいいから挨拶したいと言いだした。

日本語で一生懸命、自分の思いを挨拶された。僕は最後に通訳したが、あえてMさんの「思いの発表」が終わるまで黙って聞いていた。とても印象的で熱意を感じる素晴らしいものだった。息子の代のために自分は一生懸命海外で活路を見出したいという熱い思い。このMさんの感極まった日本語での挨拶は本当に感動的だった。

自分の言葉でプレゼンしたTさん

もう一つの例は、二〇一九年一〇月の第二回バングラデシュ事業構想プログラムに参加されたTさん。農機具販売とそのメンテナンスを行う経営者だ。中古農機具やメンテナンスのビジネスをバングラデシュで検討したいということで参加された。しかし、ただ中古農機具を輸出し、自社の利益を得るだけでなく、現地の貧困問題にも寄与したいので、ソーシャル・ビジネスとして、中古農機具輸出事業を始めたいという。

Tさんも英語が駄目。しかしスマホの翻訳アプリを使ってプレゼン前日までに、英語のプレゼン資料と原稿を作られた。英語には読み方を調べてカタカナで振りがなをつけていたほどだ。Tさんは振りがなを見ながら一生懸命練習していたのに、なんと発表の三分前に振りがなが全部消えてしまった。

でもTさんは部屋にこもって何度も発表の練習をしていたため頭に残っていたようで、結局、一人でプレゼンをやりきった。普通の三分の一ぐらいのゆっくりとした速さだったが、聞いている人たちにもどうにか伝わったようだった。マラソンランナーが足を引きずりながらよろよろ走るように最後まで完走する、それに近い感動だった。自分が経営者として、社員の生活を背負って来ている以上、絶対にやり遂げなければならないという切迫感があったのだろう。

普通なら「川村さん、やってよ」となるところだが、いや自分でやらなあかん、という経営者としての覚悟を感じた。結局これがやっぱり大事だ。この思いが次代のTさんの経営につながっていくのだと思う。

若い参加者たち

また若い起業家と起業家を目指す方も参加した。うち一名は三十代そこそこの起業家志望の若者（Sさん）で、現在日本国内にいる難民の就労支援をするNPOで働いている。そこで働く傍ら自分で起業し、シリアなどの海外にいる難民の就労支援事業を立ち上げたいが、その前にバングラデシュでユヌスさんのソーシャル・ビジネスの神髄、哲学、ソーシャル・ビジネスモデル（経済性と社会性の両立）を是非学びたいということで参加。Sさんは帰国後三か月で、実際にシリアなど海外の難民支援のソーシャル・ビジネス・カンパニーを起業された。

前述のように、僕は十年以上前、外資系のアメリカ本社で勤務しているときにユヌスさんの著書を読み、将来、ユヌスさんと合弁会社をつくること、そしてその実績をもって日本や世界にソーシャル・ビジネスを普及させようと決めた（当時は夢レベルだったが）。だから、バングラデシュに日本の経営者、起業家、社会人などをただ単に連れていくのが目的ではなく、縁のある方に、実際にソーシャル・ビジネスをバングラデシュなど国内外で実際に興していただくことを目的としている。

そのため毎回お連れする人数は少人数になる。採算は厳しいけど（笑）。昨年二回の参加者の内、先のSさんはすでに起業し、同じく三十代前半の起業家のYさんはバングラデシュでグラミンとの合弁会社設立に向けて動いている。Yさんは二〇一九年五月に事業構想プログラムに参加し、半年後の十月には事業構想に特化した市場調査を実施。あと二、三回、市場調査を現地で行いソーシャル・ビジネスモデルをグラミンとYさん共同で設計していけば、合弁会社が孵化するだろう。若いYさんの熱意と実行力には頭が下がる思いだ。

京都の有機ゴミリサイクル会社の経営者でもあるYさんはすでにグラミンと協業事業の覚書を締結し、バングラデシュでのゴミリサイクル・ソーシャル・ビジネスの立上げに向け頑張っておられる。

さらにフィリピン生まれで、現在は日本のいわゆる超大手企業に勤めるKさん。将来はフィリピンの貧しい村の若者の就労支援事業を起業したいという夢をもつ。ユヌスさんと面会できるチャンスがあるのなら是非お目にかかりたいと参加された。

プレゼン後にはグラミン中核企業の幹部、つまりユヌスさんの有能なスタッフや幹部から、プレゼンへのフィードバックが得られるが、これも大変貴重な経験になる。やはり現地ならではの視点が満載で、これを各自持ち帰り、事業構想をさらに深めていくことになる。経営者のみならず、起業家や将来起業したい夢を持っている社会人に、一人でも多くこのプログラムに参加し、自分の夢に向けて人生を歩んでいただきたいと思う。

世界中から参加してほしい

ユヌスさんのソーシャル・ビジネスの神髄に直面することを通じ、一人でも多くの企業家に国内外でのソーシャル・ビジネスにチャレンジしてもらえれば本当にうれしく思う。欲を言えば、若い方には失敗を恐れず、アフリカや南米などの途上国でソーシャル・ビジネスにどんどんチャレンジしてもらいたい。人生は成功という結果を得るためにあるのではないと思う。その生き様、プロセスこそが心を磨き、志を高め、魂を高める。自分の人生の結論は寿命が尽きるときに自分で判断すればいい。プライスレス（お金で買えない）な最高の人生を、できるだけ若いうちに送っていただきたい。そして、その経験を思う存分、世のため人のために活かしてほしい。

次回はアフリカの当社ＣＥＯ二名も参加させる予定だが、日本人だけでなく世界のいろいろな国から国や企業を担うメンバーにどんどんこのバングラデシュ事業構想プログラムに参加してほしい。そしてすでに書いたとおり、このユヌス・ソーシャル・ビジネスモデルを、途上国をはじめ海外の国々に移植してほしいと願っている。

ユヌスさんはグラミンとして貧困問題、社会課題の解決のための会社を五十社以上も興しているのだから、途上国からの企業家は必ず何かしら自国でソーシャル・ビジネスを興すヒントと勇気を持ち帰ることができるはずだ。

誤解を恐れずに言えば、途上国やその国の企業を率いるリーダーは、サンパワーセネガルCEOの父親がソーシャル・ビジネスを始めるために大統領選に立候補したように、大きな資本力のある国や企業、お金持ちばかりとつながろうとするのではなく、自国の貧しい人のために頑張ってほしい。そのためのヒントやノウハウが、バングラデシュのグラミンにあるのだ。

以前、ソフトバンクの孫正義さんが「身がひきちぎれるほど努力をしたい」と言ったという記事を読んだことがある。僕はこの言葉が好きだ。自分のためや自社のためだけだと、「身がひきちぎれるほど努力」したいというモチベーションはなかなか出てこない。僕の場合は、社会課題の解決のために自分の経験や強みを活かせることほど、全身に血が漲るものはない。

3　今こそ日本企業の海外進出を

親の世代の責任

今こそ経営者、起業家は世界に打って出てほしい。そうしないと、中国、韓国、インドなどのアジア勢にやられっぱなしになるのではないだろうか。それでは僕らの子どもたちの世代がかわいそうすぎると僕は強く思っている。

サンパワーは、アフリカの一部の国やバングラデシュ、モンゴル、ジョージア、そのほかのいわゆる発展途上国とか新興国と呼ばれる国と仕事をしている。

このあたりの国々は、日本の大手や中堅企業がなかなか進出しづらい。なぜかというと価格が合わないから。大手や中堅企業の本社間接費が高いからだ。また上場企業はROI（投下資本利益率）などいわゆる投資リターンが株主企業価値を向上させないとプロジェクトにGOがでないので、発展途上国でのビジネスがなかなか難しい。経済合理性に合わないということだ。

外資系にしても最近の日本の企業にしても、「短期」でどんどん結果を出さなければならない。前にも書いたように、僕らがセネガルで法人をつくったときは、セネガルに進出した日本企業では四社目だった。また、バングラデシュでユヌスさんのグラミン社と合弁会社をつくったときも、グラミン社と日本企業の合弁相手は僕らで四社目だった。

この四社という数字は何を意味するのか？　僕に言わせれば、日本企業はほとんど途上国に進出していないということだ。ほぼゼロと認識すべき数字だろう。一方で中国企業や韓国企業、インド企業はどうか。社員をどんどん現地に送り、ローカルでうまく事業を構築している。統計などの数字で確認しなくても、途上国に行き、マーケットを見れば肌感覚ですぐわかる。日本からアフリカ行きの飛行機内でも、日本人はほとんど見かけないほどだ。

これは日本の危機と言ってもいいのではないだろうか。僕はずっと海外で仕事をしてきたので、肌感覚というか直感でわかってしまう。日本の中でお客さんを充分に獲得できる時代はもう終わりに近づいている。「明日のビジネスの種をどうしようか」というのが経営者の共通の悩みになっているのだ。「日本の外」に顧客をつくっていく選択肢は、もう避けようがないように思う。我々経営者が今の業績に安住したまま行動に移さなければ、日本企業の未来はないし、ましてや僕らの子どもの世代は、もっと過酷な現実に直面することになるだろう。

彼らが大学を卒業して社会に出たとき、途上国ビジネスにおける主戦場がすでに中国、韓国、インドなどの企業に制圧されていたらどうか。彼らからすると、僕ら親の世代はいったい何をやってきたのか？ということになってしまう。僕は本当にそう思っている。特に日本の中小企業の経営者は危機感が低すぎる。だから、その現実に気づいている若い起業家や社会人には今からどんどん海外に出て、どんどん仕事を広げてほしい。中小企業も是非、真剣に海外事業の開発に行ってほしい。今からでも遅くはないのだ。

たとえ英語ができなくても

日本の企業にはもっと「自信」をもっていただきたい。僕が肌感覚で感じるのは、「自分たちは海外事業なんてできない、縁がない」と思い込んでいる経営者が多いことだ。そもそも経営者の頭の中に、海外で仕事をしていくという選択肢がない方が圧倒的に多いように感じる。この意識のバリアーを取り払ってほしい。

誤解を恐れずに言えば、英語なんてできなくてもいい。身近な方にサポートしてもらうか、僕らのような専門家に委託していただければいい。なんでも自前で全部やろうとするから、海外ビジネスのハードルは高くなる。

日本でやっている自分のビジネスを、どうすれば海外に展開できるか？　経営者はそれだけを誰よりも必死に考え、行動していただきたい。国際コミュニケーションの分野は僕ら専門家に任せることで、自社の国際経験のボトルネック（弱み）は解消できる。

絶対やり遂げるという熱意。これが日本企業の経営者がもつべきものだ。こういう経営者や幹部社員がいれば、絶対に海外事業はうまくいく。僕は大学卒業後に入った商社でいろいろな企業の海外事業を支援してきたが、日本企業のもつ熱意の温度で成否が決まることを目の当たりにしてきた。

僕はここ数年、自動車リサイクル事業において、海外出張するときに有志を集め、当社の社員だけでなく同じ業界の経営者をいっしょに連れていくようにしている。そして、現地のビジネス環境を説明し、また、同時に我々の本業（ビジネス）がどう現地の発展途上国の貧困問題解決の一助となっているかを説明している。

同じ業界の企業だけでなく、広く、当社海外事業支援事業の一貫として、二〇一九年から全業種を対象に、「海外進出支援、海外事業開発支援」を行っていくことを決めた。当社サンパワーの強みだし、僕自身のもっとも社会に貢献させていただける分野の一つでもあるからだ。

僕たちのやり方を少しでも参考にして行動していただければ、中小企業であっても海外で仕事はできる。その模範を示していきたいと思った。大企業にもどんどんチャレンジしていただきたい。

海外事業の第一歩は「自分が今、日本でしている事業がその国でどう事業として成り立つのか、もしくは途上国ビジネスの場合は、どう現地の貧困問題の解決のためのお役に立てるのか」、そういうところを「まず見る」ということ。この「まず見る」ということが、「よしやってみよう！」という自信と希望につながるのだ。

市場は自分で作るもの

途上国ビジネスにおけるセミナーでよく聞かれるのは、「うちの事業、可能性ありますか。市場があるんですか？」という質問だ。僕は「市場は自分で作るものですよ」とお答えする。経営の原点は「市場（お客様）の創造」にあるが、こういう経営の原点は、日本のような市場飽和状態でずっとビジネスをしていると忘れてしまう。競合する会社同士の戦いに明け暮れしているからだ。

発展途上国は市場が未成熟なので、どの分野の企業でもチャンスしかない。要はチャレンジするかどうか、にかかっている。ビジネスだから先に手をつけた者が勝つ。この気持ちが大切だ。超大企業でない限り、僕らのようにマクロじゃなくてミクロの世界で動いている。ミクロの世界でビジネスをしているので、とりわけ発展途上国の市場性がどうあろうと、あまり関係はない。市場性があるから行くのではない。市場を創出すれば、自社にとっても利益の源泉になるし、現地市場の貧困問題の解決にも寄与するから、そこに行くのだ。「経済性と社会性の両立」とは最近よく聞かれる言葉だが、途上国に実際に行って「見る」と自然にこういう発想になるのは、人間は国籍にかかわらずだれしも美しい心を本来もっているからではないだろうか。

日本など先進国で事業開発をする場合、「既存の市場」があることが多いので、その既存の市場に対する自社の優位性などを戦略的に考えなければならないが、発展途上国では、基本的に僕らが日本でやっているような事業がない場合が多いので、それをいかにつくっていけるか、そこがいちばん重要だと思っている。

言い方が適切かどうかわからないが、日本国内がもうレッドオーシャンだとすれば、競合他社もなく、それが必要だということすらわかってないような途上国はブルーオーシャンとも言える。そこにどんどん売り込んでいけばいい。

戦う相手は同業他社ではなく自分。いかに勇気と希望をもって途上国に足を踏み入れ、仕事に打って出るかということが大事なのだ。

海外事業開発のプロセスは三つ。構想、計画(立案)、立ち上げ(実行)。事業構想は理念(思い)がベース。事業計画はいわゆる通常のビジネスモデル作りそのもの。訴求顧客、価格設定、原価戦略、物流戦略など、当然ながら綿密にプランニングする。貧困層を対象にすることもあれば、中間層、また富裕層のターゲットも考えられる。

もっと相手目線のSDGsを

話は少しそれるが、当社サンパワー創業の原点は「企業の海外事業全般の支援」にあった。「海外進出の支援」というのは今までしたことがなく、創業当時はニーズもあまりなかったと思う。そのため、ここ二十年ぐらいは企業の海外事業支援を積極的に営業活動していなかった。他社の海外事業の支援は時間もコストもかかり、事業としての収益性がそんなに良くないからだ。商社も企業の海外事業支援をほとんどやめ、自ら直接ビジネスに乗り出している。

先にも書いたように、僕らが仕事をしている途上国には日本企業はほとんど進出しておらず、中国、韓国、インドの企業が猛烈に頑張っている。それを見ると、危機感も増してくる。大丈夫なのだろうか、これではまずいだろうと。

英語学校の先生たちも、世界に友達をつくろうとは言うけれども、日本はこれから途上国にマーケットをつくっていかなければならないという視点で語る人はそれほど多くない。

これはマスコミも同じで、時々取材を受けるが、企画の中身自体も中古タイヤや中古のパーツをどのように海外に送っているのか、そういった物珍しさの観点での取材が多い。あるいは、どのように輸出の手続をし、どのように荷造りをするのかといった、ハウツーを聞いてくるものがほとんどだ。

しかし僕がいちばん取材していただきたいのはそのあとのこと。そのあとこれが、どのように途上国のお役に立ったのか、途上国は今どういう状況にあるのか、それに対して日本企業がどうしなければいけないのか。その点にいちばんフォーカスしていただきたいにもかかわらず、そうではない場合が多い。だから世の中にあふれているSDGs（Sustainable Development Goals：持続可能な開発目標）という言葉もなんか表層的にしか捉えられていない気がする。

これはまさに「日本の大きな社会問題の一つ」ではないだろうか。だからこそ今、まさに日本の海外進出を進めなければならない、そのサポートを開始しなければならないのだ。そこに当社がグローバルにソーシャル・ビジネスを具現化してゆくことの意味がある。

4　海外ビジネス成功の三つの要諦

失敗を活かす

僕は大学卒業後、商社、外資系、そして当社サンパワーの経営を通じ、一貫して海外ビジネスに従事してきたが、僕が多くの海外ビジネス経験者と違うのは、海外事業における「失敗した経験」、「行き詰まった経験」が多いということだ。

本によく書かれている成功事例は属人的な事例が多いので、そのような成功事例からはあまり成功の本質は見ることはできないのではないだろうか。失敗経験や行き詰まりの経験の中にこそ、その原因を謙虚に冷静に見る視点が秘められているので、そこから失敗を活かした方策が立てられるものである。

海外事業もそうだが、仕事は本来シンプルなものだ。基本を忠実に行うことが結局、僕らを成功に導いてくれる。これから書くことは、読めば「なんだ、そんなことか」と思われるかもしれないが、そのとおり、「そんなこと」なのだ。

しかし海外事業の真っ只中にいると、多くの経営者や起業家がその「シンプルさ」を忘れてしまい、結局、うまくいくはずだった海外案件が頓挫してしまうケースが多い。

なので、以下のことを、現在進行中の海外事業開発に照らし合わせて、「自分が今、全体の時間軸の中のどの位置にいるのか」ということを確認する際の参考にしていただければうれしく思う。海外ビジネス成功のポイントは、次の三つだと思う。

理念

まず一つ目は「理念」。

理念とは本音の思いだ。「そもそもなぜ海外か？」という思いは、初めはもっていなくてもまったくＯＫ。日本にいれば海外の状況が詳しくわからないので、海外の事情をよく調べながら見極めていくことで、自社がどう「現地のお役に立てるか」という理念の部分は、後追いでも構わないので自分なりに作っていけばいいのだ。

儲けや見栄ではなく、自分の中の利他の思い。誰のどんなお役に立てるのかということに思いを馳せること。僕は当社サンパワーに入社したとき、海外事業の進出を焦るあまり、ドバイに合弁会社を設立したものの売掛金回収に失敗した。自分が何か役立つところを社員に見せなければいけないという見栄が先行してしまったからだ。

それまでドイツやアメリカで国際ビジネスに従事していたので、自分が失敗するはずがないというプライドもあったのだと思う。

儲け心や見栄が先に立つと、経営者はモノゴトの本質を見失ってしまう。非常に危険だ。

こんなときに理念があると、海外事業の立ち上げや運営に関わるいろいろな課題や問題を乗り越えるエネルギーになってくれる。僕の例でいえば、バングラデシュで本業の中古タイヤ事業ができず、その周辺事業である自動車整備工場や自動車中古部品輸出にチャレンジしたときがそうだった。このとき、ユヌスさんとの合弁会社を営業開始にこぎつけることができたのも、「ユヌスさんと会社をつくりたい、ソーシャル・ビジネスの力を通じ、バングラデシュの貧困問題撲滅の一助となりたい」、さらに「当社のわずかな取組みでもその実践を通じ、ほかの日本やアフリカの企業家にもユヌス・ソーシャル・ビジネスを広めたい」という強い思いがあったからだ。

理念は他人に言う必要はなく、自分の中で大事にしているどんな思いでもよい。途中で変わってくる場合があってもまったく構わない。

ユヌスさんとの協業である「バングラデシュ事業構想プログラム」では、参加された経営者や起業家、社会人の方に、「なぜ途上国ビジネスか」という目的を設定してもらったが、それは思い（理念）をもっていただきたかったからだ。自分の本業がどう現地バングラデシュのお役に立てそうか、今まで培ってきた自分の経験やスキルをどうこの地で活かせるか、そうすることで誰が笑顔になるか、貧困層から何人の雇用が生まれるか、などに思いを馳せていただくのだ。

うちの長男を小学六年で鹿児島の知覧へ、中学二年のときにモンゴルに連れていったのもまったく同じ動機だ。

パートナーの選定

二つ目に重要になるのは、「パートナー選定」。

このパートナー選定で失敗する方が非常に多いのが現実だ。パートナー選びはくれぐれも冷静に焦らず判断していただきたい。パートナー選定に失敗すると「収支」が成り立たない。

パートナー選定では、同じ思い（理念）を共有することは大事だが、「経営力の評価」をしていただきたい。パートナーは経営の経験があるのか、現在のビジネスは収支的にどうなのか、内部会計指標は構築されているか等々。

特に日本の経営者は、場当たり的に出会った外国籍の方と組み、行き詰まってしまうケースが多い。先方に経営力があるのか、もしない場合は、どのように現地の経営力を担保するのか。パートナー選定を判断したうえで、自社がもてるリスクの把握とリスク回避策を冷静に検討し、講じることが大切だ。

現地に合弁会社を作る場合は、本当に会社登記が必要なのか？　その事業をパートナー会社に委託してやる方法もあるが、そのほうがリスクははるかに少なくて済む。僕はセネガルで一〇〇パーセント子会社をつくったがこれはお勧めしない。やはり現地パートナーを見つけたほうがリスクは少ない。

海外事業は、売ったものを資金回収してこそ意味があるのは当然のこと。売掛金回収リスクは充分に検討しても検討しすぎることはない。

ユヌスさんと始めた合弁会社は、営業開始の二〇一八年七月から二〇二〇年三月まで単月でずっと黒字を継続している。これは合弁相手のグラミン社の経営力のお陰だ。財務のモニタリングシステムもしっかりしている。当社は三九パーセント、残り六一パーセントをバングラデシュ側がもっている。

また、現地に法人を設立する場合は、株（オーナーシップ）は現地パートナーにもってもらうのをお勧めしている。お金（投資）で貢献するのでなく、事業本来の「事業計画」で勝負し、パートナーに事業の将来性を認知してもらい、お金は極力、パートナーが「是非出したい」と言ってくるくらいがちょうどいい。

こちら（日本側）のお金を期待され、会社投資のお金をなまじ出してしまうと、パートナーはいろいろな要望をしてくる。売掛金の回収遅延などを含め、経営の不健全性に至る原因をつくってしまうことになるだろう。

特に中小企業の場合は、自社の社員を現地のＣＥＯに出せる余力がなければ、経営は現地パートナーに任せるようにしたほうがいいし、合弁会社をつくる際にも、投資はマイナー出資が望ましいと僕は思っている。

サンパワーセネガルの場合は、現地に信頼に足るパートナーを見つけられなかったので、独自の資本で会社設立をした。初めの一年は赤字。しかし、当社が日本企業の海外事業進出の先駆けにもならなければならないという使命もあったし、日本に留学している途上国出身の若者を母国で起業家に育て上げたいという思いもあり、以降は赤字を出さずに乗り切った。でもこれは例外的で、通常僕は発展途上国に一〇〇パーセント独資の進出はお勧めしない。いろいろなリスクが高いからだ。

コミュニケーション能力

三つ目は「コミュニケーション能力」。

「コミュニケーション能力＝異文化理解×論理思考（ロジック）」だ。次節グローバルリーダー育成法のところでも詳しく述べるが、コミュニケーション能力にはロジック（論理思考）があるとだいぶ楽になる。異文化理解は、本や学校の勉強で身に着けることは難しい。グローバルな環境に飛び込んで、外国籍の人々と積極的にコミュニケーションをはかるしかない。

その場合は、相手の言葉の表面を理解するのではなく、そもそもなぜそういう考え方をするのか、なぜそういう行動をとるのか、どういう文化、習慣、宗教上などの因果があるのか?など、「なぜ?なぜ?」と相手に問いかけることで相手の思考プロセスを掘り下げて理解していくようにするといい。

すでに書いたとおり、僕は最初に入った商社では、大手企業などの海外事業開発に支援を重ねてきた。次の外資系ではグローバル・プロジェクトのリーダーをいくつもやらせていただいたが、いちばんの成功の要諦はコミュニケーション能力。それがあったから、異文化チーム内の構成メンバー同士の思いを擦り合わせることができたと思っている。

異文化経験のない企業が海外事業にチャレンジするときは、このコミュニケーション能力が必要なので、僕らのような専門家に委託されることをお勧めしたい。当然のことながら異文化経験のある社員を雇用するのはとても高くつくので、企業に海外事業の経験が蓄積されて一定レベルに達するまでは、専門家にアウトソーシングし、その後、状況を見て、海外事業に精通する社員を雇用すること。そうすれば海外事業は、スピードも質も格段に向上するだろう。

とりわけ中小企業はすべて自社で背負い込んでやろうとした挙句に行き詰まってしまうケースが多いので、自社のリソースの不足部分を上手にご縁のある方に委託すると良いと思う。英文ライティング一つとっても、プロの書く英語と、国際経験のない者が書く英語は、一見同じような英文に見えても、受け取り手の印象はまったく違うものだ。

5　川村式グローバルリーダー育成法

この節では、若い世代の読者のために、グローバルリーダーに成長していくためのヒントを、僕の経験を基にしてまとめておきたいと思う。

本質的な英語学習は「読む」と「聴く」

まずは「英語習得」。毎日、英語のニュースを聴くことと、毎日、英字新聞の一面を音読すること。これは僕が大学卒業前の一年くらい、ほぼ毎日続けたことだ。英会話学校に通うのももちろんいいけれど、将来、国際社会で活躍しようと思っている若い人にはこの学習方法をお勧めしたい。

英語ニュースはCNNやBBCが三十分刻みの国際ニュースを放送しているので、これを一日一時間くらい（三十分×二回）繰り返し見る。英字新聞は一面を端から端までしっかり音読する。

遠回りのように見えるが、これは「本質的な英語学習」方法だと思う。自分が国際舞台に立ったときにこの学習がいかに効果的だったかがよくわかった。ちなみに、この学習方法は大学の先輩から教えていただいたやり方だ。

英語のヒアリングの向上というのは、自分が話した言葉が耳に入ると、それが自然とヒアリングになるので、その向上には音読（スピーキング）がいちばんいい。自分の経験上、聞く練習をするより効果的だと思う。理論的に言っても、自分が言えない言葉は絶対聴きとれない。

英字新聞で音読したものを、今度は英語放送のニュースで聴くというサイクル。英字新聞も英語放送もおおむね同じ話題が多いので、反復性がある。ああ、あれか、さっき英字新聞で読んだ話題か、となる。

英語放送は、ＣＮＮでもＢＢＣでもどちらでも好きなほうでいい。僕の場合は両方聴くようにしたが、どちらにしても国際英語ニュースはきちんとした文法を使い、小難しい言い方はしない。ニュースキャスターは誰にでもわかるような英語を発してくれる。

国際ビジネスリーダーになるには、小難しい英語を使うより、幼稚園児でもわかるような平易な言葉を使ってコミュニケーションをするのがいちばん大事だ。相手に伝わって初めてコミュニケーションは成り立つ。そういった意味では、新聞やテレビの国際ニュースで「読む・聴く」の訓練を重ねるのがとてもいいと思う。

結果論かもしれないが、僕の場合は英会話の学校はそれほど役に立たなかったように感じている。海外にいけば自然と語学力はつくものだ。国際ビジネスパーソンとして力を発揮できるかどうかは、「基礎トレーニング」をどれだけ積んできたか、すなわち「読む・聴く」の積み重ね次第だ。

この英語における基本の所作ができるかどうかによって、「説得力と品格のある国際コミュニケーション」ができるかどうかも決まる。僕はこの基礎トレーニングを大学時代にやったお陰で、その後、ドイツやアメリカでの海外駐在時に、国際ビジネスパーソンとしての力量が格段についたと思っている。

ちなみに、日本のマスコミは世界のニュースをほとんど伝えてくれないので、国際ニュースを英字新聞や海外放送で読んだり見たりすることで、「グローバル観」を醸成しなければならない。これも国際リーダーの素養としてはとても重要だ。これからの時代はますます日本の中しか知らないでは生きていけない。若いうちから、グローバルな世界と触れることでグローバル観を「自然」と身に着けていくことが必要だと思う。

若いうちに海外経験を

若ければ若いうちに海外に行くといい。留学経験がなければ、若い方は手を上げて自分で会社にお願いし、「海外駐在」の切符を是非つかんでほしい。海外はいくら「出張」してもわからない。その土地に住み、そこの人々といっしょに暮らしてはじめて、その土地を理解し、現地に根を張った異文化経験ができる。

うちの長男は二〜四歳まではアメリカに住んでいた。中学二年のとき、夏休みの部活で骨折して試合に出られなくなったのを機に、僕のモンゴル出張に、当社の社員とともに一緒に連れていった。

中古タイヤの輸出の仕事が現地（途上国）にどう役立っているか、見る機会を与えたかったし、「僕自身の職業観」を感じてほしかった。僕は三人の息子には父親としてあれこれ口で教えるというより、人生で大切なことを「見て感じる機会」を与えたいと思っている。これが僕の教育法だ。そのほかの教育はすべて妻がやってくれている。

父の仕事を通じ、息子は何を感じるか。発展途上国の様子を見て何を感じるか。感じたことをどう将来の自分の生き方、職業に活かしていくか。こういうことを考える機会を息子には与えたいと思っている。

長男はモンゴルの数日の滞在で同年齢くらいの子どもたちとの触れ合いを通じ、早くも日本を抜け出して高校一年間（二年生の時）と大学は海外に行きたいと言っているし、すでにその準備をしているようだ。僕は親として何をしろとはまったく言わないし、言う必要も感じない。ただ人生で大事な機会を与えるだけでいいと思っている。

幼少時代の異文化体験は、僕たち大人が思う以上に、無自覚なところも含めて子ども本人の中ではものすごく大きい。できれば大学受験で切羽詰まってしまう前に、海外との接点を子どもにつくってあげるのは親の役割として大事なことだと思っている。

人生で大事なことを考えるきっかけを、親がつくってあげられるかどうかというのは、極めて重要だ。子どもは一〇〇パーセント素直、だから全身で浴びるように異文化体験をする。その体験は、そのあと大学などに行って職業を考えていく際、視野を大きく広げてくれる。

余談だが、僕は息子を小学校から高校の間に三つの場所に連れていくことにしている。初めが小学五、六年でいっしょに鹿児島の知覧に行き、特攻隊のことを知ってもらう。どれだけ多くの若者が生きたいのに、国のために命を落としたか。僕らは今、彼らが生きたくても生きられなかった時代を過ごしている。この「ありがたさ」を感じてほしい。次は、中学二年でモンゴル、最後は高校一年でバングラデシュだ。僕がご縁をいただいた二つの場所で、僕の仕事が現地の人々にどのように役立っているか、自分の目で見てほしいと思ったのだ。旅の間、息子とは一対一でいられるので、男同士、いろいろなことを本音で話し合える貴重な時間だ。

普段は僕も経営者なので、充分な時間を家族といっしょにとることができない。たかが数日だが、こうした濃密な時間を息子と過ごすことは、父としても至福の時である。これが僕の教育法だ。

高校時代に二週間の海外プログラムに参加

僕自身も高校一年のとき、父の勧めで二週間ほど、アメリカの主要都市ツアーとミネソタ州でのホームステイを経験し、非常に人生がインスパイアされた。たかが二週間程度だが、大人になってから行く二週間と、高校生のときに行く二週間とは全然違う。

大学時代に留学経験はなかったが、高校のときの二週間の留学のお陰で、僕は強烈に海外志向が強くなり、大学卒業後は商社、外資系とキャリアを進め、その間、ドイツとアメリカに駐在する機会もいただいた。

僕の場合はドイツとアメリカだけだったが、どの国でも駐在の機会があれば、手を挙げてでも行くべきだろう。行く国を好き嫌いで選んでしまう人を時々見かけるが、はっきり言ってそれではもったいないし、その程度の志のレベルでは、駐在の機会から多くを学べないのではないだろうか。

多様性にもみくちゃにされる経験こそ、絶対に将来活きてくる。会社から行けと言われた場所（国）に素直に感謝して行けばいい。すべて必然と考えると、一見偶然に見えても、行く国や地域には、やはり必然性があると感じるものだ。その経験の中には、将来大活躍する種が埋まっているはずだ。

論理的思考能力（ＭＢＡは必須ではない）

グローバルリーダーになるためには、論理的思考能力が極めて重要だ。日本人の場合、日本語の文章表現がロジカルではなく、どちらかというと感情や感性でものを捉えがちで「言わなくてもわかるでしょう」、となってしまう。

それは国際ビジネスの場では通用しない。むしろ非常に弊害となる。曖昧な表現は日本語特有の美しい部分ではあるが、国際社会では、いったい日本人は何を言いたいのかわからないと思われてしまう。僕の経験上、異文化の壁を排除するのにいちばん効果的なのが、この論理的思考だ。論理的な表現は、人種、国籍を超えてだれに対しても、言いたいことと結論が明確に伝わる。

論理的思考を基本にしてプロジェクトを進めれば、考え方や物事の進め方がまったく異なる異文化のチームと組んで多国籍チームを作る場合にも、それが共通言語になる。コミュニケーションの共通のプラットフォームになってくれるのだ。

だから国際舞台でのプレゼンでも、論理的思考能力があれば、話したとき、ぱっと「あ、この人はわかっているな」と理解してもらえる。だからこれは極めて大事なことなのだ。グローバルリーダーになるためにMBAは必須ではないけれど、少なくとも論理的思考能力は身につけるべきだろう。

英語自体が論理的だから、英語を学べば論理的思考能力も身に着けることができ、国際社会でのプレゼン力もコミュニケーション能力も格段に向上すると思う。

国際社会において日本人によく見られるのは、議論しても感情的になってしまい、すぐトラブルになってしまうことだ。これでは進む話も進まなくなる。僕ら日本人は自分と異なる意見を自分への批判と思ってしまう傾向が強いためだろう。国際社会でこれは通用しない。

論理的思考能力があると、相手の人格や人間性を批判するのではなく、相手の論理構成に突っ込みや批判をすることができる。AだからBと言うけれど、このAとBの間のところがおかしいんじゃないかと、論理的に追及する。この繰り返しで、仕事そのものの質を高めていく。さらなる高みを目指しながら揺るぎない結論までいっしょに到達しようとするわけである。

僕は商社時代からずっと海外ビジネスに従事し、海外企業と日本企業の架け橋となるべく仕事をしてきた。海外支援という言い方もできるが、やっていることは「コミュニケーションの架け橋」だった。なぜなら、コミュニケーションこそが、海外ビジネスの成功における大きな要素の一つだからだ。いくら良い製品やサービス、戦略をもっていても、コミュニケーションが成り立たなければ成果に結びつかない。

論理的思考法は数か月の講座（セミナー）で誰でも学べるので、若い方だけでなく、中高年の経営者や社会人も、ぜひ学ばれることをお勧めしたい。僕が若いころ学んだグロービス経営大学院は、論理的思考能力を身に着けるにはとてもいいと思う。

論理的思考は本ではなかなか身につかないので、できれば英会話学校のクラスで学ぶといい。論理的思考によるコミュニケーションはリアルトレーニングしたほうが即実践に活かせるからだ。

世界観（Global Perspective）

もう一つ大切なことは、「自分の世界観」をもつこと。英語でいうとGlobal Perspective。グローバルリーダーともなれば行動範囲も当然広いし、異文化の壁や社会風習など、日本では経験することができない様々な壁にぶち当たりながら、リーダーシップを発揮していかねばならない。だから、「自分の世界観」がどうしても必要になってくる。「志」という言葉に置き換えてもいいかもしれない。

なぜ自分はグローバルリーダーという生き方を選択したのか。何を成し遂げたいのか。どんな貢献を国際社会の中でしたいのか。いろいろな問いを自分自身に投げかけ、自分の本当に成し遂げたいことを絶えず確認していくこと。自己との対話が必要だ。

英語と論理的思考（ロジック）がハードスキルなら、世界観はソフトスキルといえるだろう。

第六章　世界の平和に向けて

1　ソーシャル・ビジネス・カンパニーへ

自分にできること

何かを目指そうと考えるとき、なぜか僕の頭の片隅に「世界の平和」という言葉が浮かぶ。しかし、「世界の平和」という言葉は正直重たいし、到底、僕ひとりで実現できるとも思えない。しかし、自分の寿命を終えるときに、わずかでもいいので、「世界の平和のためのささやかな一歩」を踏み出した、と思って命を終えたい。人生後悔したくないし、人生の真の結果は寿命が終えるその時に、自分が自分の人生をどう思うか、その気持ちで決まると思っている。やりたいことにはすべて挑戦したいし、死ぬときには自分の周りの方すべてに心から感謝をして死にたい。

だから、「世界の平和」に向けて、自分ができることをしていく。僕の場合は、今自分が行っている事業だ。その事業の延長線上や周辺でも、取り組めることをいろいろ取り組んでいきたいと思っているし、僕は思ったらすぐ始めてしまうタイプだ。

これから書くことはその一部だ。すでに取り組んでいるものもあれば、これからのものもある。なんでもひとつひとつ失敗を恐れず、プロセスを重ねていくことが大事だ。失敗は成功への近道だと神様が教えてくれている。だから、あきらめずにやり続けると、自然に道が軌道修正され、うまくいくものだ。

この章では、そんな僕の取組みをいくつかご紹介したいと思う。

すべての人を起業家に

僕は、サンパワーをこれから完全な「ソーシャル・ビジネス・カンパニー」に移行していくつもりだ。

今まで稲盛和夫さんや天明茂さんの考えを学ばせていただき、またムハマド・ユヌスさんとの出会いもあり、いろいろ僕自身の使命、天命、向かうべき方向について考えてきた。その結果として僕は今、会社そのものをソーシャル・ビジネス・カンパニーの自覚をもって経営をしていくときであると考えている。

その直接のきっかけは、モンゴルの僕の大事な友人経営者からいただいた。モンゴルには十年来のビジネスパートナーがいるが、その社長に昨年、「サンパワーの会社自体がソーシャル・ビジネスに変革してしまいましたね」と言われたのだ。自分ではただ一生懸命やってきただけなのでそのつもりはなかったが、「そうか、だったらもっと意識し、気を引き締めて、当社をソーシャル・ビジネス・カンパニーとして創り上げていかないといけないな」と痛感した。

僕自身はごく普通の名もなき企業家だが、僕の周りにはこのような素晴らしい仲間がたくさんいる。この素晴らしい仲間たちとのふとした会話の中にも、人生の転機、人生の導きとなるヒントが多く隠されていることに気づく。仲間は本当にありがたい。

ソーシャル・ビジネス・カンパニーの考え、特にユヌスさんの考えの根本には「人間は起業家になるために生まれてきた」というものがある。ユヌスさんの言葉を続けると、「人間は働くために生まれてきたのではない。そもそも誰しも起業家になるために生まれてきた」。

だから貧困国において就労だけでは収入が上がらないなら、起業家になるべきだとも言う。ソーシャル・ビジネスの根本哲学には、貧困を抜け出すための起業家の育成がある。

数年前から本社事務所で地元の福祉団体二社の就労実習を受け入れている。多いときで二人、事務職の実習で来られる。精神障がい者の団体と、ひきこもりの方の就労支援をしている団体だ。

僕は時折、社員にお礼を言う。実習のための仕事の段取りをして丁寧に指導するのは僕ではなくて、うちの社員さんだからだ。当社の事務職の就労実習を自信をもって終了された人の中から、その後定職に就いたといううれしい報告をいただくこともある。

こういうときは僕もうちの社員もとても幸せな気持ちになれる。この就労支援はソーシャル・ビジネスではないけれど、自分たちの本業を通じて、採用面で就労困難な方に手を差し伸べているという意味ではソーシャル・ビジネスと同じ考え方なのだ。

就労困難者の僕の定義は、障がい者、高齢者、留学生、シングルマザー、元受刑者など。ホームレスも該当するが、当社では今まで面接だけで採用実績はない。当社は現在こうした就労困難といわれる方が社員の三八パーセントを占めている。近い将来には全従業員の五〇パーセントまで高めたいと思っている。

サンパワー社会指標

当社では「財務諸表」に加え、「サンパワー社会指標」をきちんと作っている。すなわち、「就労困難者の雇用人数」、「起業家輩出数(日本と途上国)」、「途上国出身留学生採用数」、「アフリカなど発展途上国における当社拠点数」などだ。

財務数値は経営そのものの「目的」ではなく、社会の課題解決のための「手段」だ。社会の課題の解決が「目的」であるので、決算書の中心は「社会指標」であるべきだと思っている。前年に比べ、社会指標がどれだけ向上しているかを、我々経営者、企業家、また融資担当の銀行家は見るべきだろう（もちろん、財務諸表も大事なことは言うまでもないが）。僕自身にとっては自分の経営の通信簿だ。

また、発展途上国における当社拠点数がなぜ社会性の指標かというと、途上国にどれだけ起業家（ＣＥＯ）をつくったかということになるからだ。たとえばセネガルに一社つくったというのは、ムハマド君が起業家になったということで、これは僕たちの社会性を示す一つの指標となる。拠点数を多くしたいということはどちらかというと収支のほうの話。それよりも、拠点数が増えれば増えるほど途上国の方に経営者への道をつくることになるわけで、それが社会指標となる。

発展途上国出身の留学生の新卒採用は五年前から始め、前述のように、すでに新卒第一号のムハマド君がサンパワーセネガルのＣＥＯに就いてくれている。彼のキャリアを追うような新卒採用留学生の当社社員は今後もどんどん出てくるだろう。

海外事業が加速していくと、自然な流れとして、従業員も外国籍の若者が増えてくる。

現在当社ではムハマド君をはじめとして九名の留学生出身の若者が頑張ってくれている。

日常の中に海外を取り込む

前にも書いたが、二〇一九年四月に新卒で当社に入社したネパール出身の女性（以後Bさん）は、当社のタイヤ事業や貿易事業に興味があって入社してきたのではなく、当社のソーシャル・ビジネスに興味をもち入社を希望してきた。Bさんの出身国ネパールは男性中心の社会のため、女性の社会進出が進んでおらず、女性に働くスキルがそもそも蓄積されていない。これはネパールの社会問題だ。

Bさんはサンパワーでソーシャル・ビジネスを学び、十年後の三十代前半には母国ネパールで起業し、女性を雇用することで、女性が働ける社会の構築を目指していきたいという。僕は彼女の目的意識に共感し、当社で頑張ってほしいと採用を決めた。現在Bさんは当社の本社で初年度は経理部、今年からは貿易部でとても頑張って仕事をしてくれている。志が大きい分、仕事に向き合う真剣度も高く、素直でとても素晴らしい女性だ。

また、新潟の国際大学大学院（ＭＢＡ）も二年前からお付き合いさせていただいている。ここは九割以上が海外からの留学生で、とりわけ途上国出身の学生が多い。「国際性」という評価軸では、アジアのＭＢＡのトップクラスの評価を得ている。僕自身も二十代後半のころ、アメリカ本社駐在の機会がなければ、この国際大学大学院のＭＢＡに通うつもりだった。授業はすべて英語で、途上国から多くの政治的なリーダーが学びにきている印象がある。このような若者たちを当社で採用して、進出先の途上国における経営者候補として育てていきたいと考えている。

一方で、こうした海外の人たちを日本の事業所に取り込むことによって、当社の日本人の社員も、僕がやろうとしていることの具体的なイメージや共感を得やすくなると思っている。当社では日常的に外国籍の方がいるのが当たり前という文化になっているので、国籍や見た目の違いなどで外国人を区別するような雰囲気はほとんどない。

また、モンゴル、ジョージア、ロシア、ギニア、ナイジェリア、中東など海外からのお客さんも頻繁に当社に来られるし、僕の外国出張時には社員もいっしょに連れていくようにしている。これは僕にとって、当社の経営理念の浸透を図る意味でもとても貴重な時間なのだ。なぜ当社の事業が相手の国のとりわけ貧困問題撲滅のために役立っているのか、なぜ当社では障がい者をはじめとした就労困難者の雇用に光を当てているのか、という当社の経営理念を、出張先の現場現場で社員にはしっかり説明している。

障がいをもっている若い人も当社では積極的に受け入れている。障がいをもっている若者のお父さんも当社で働いているし、引きこもりの若者も雇用しているので、見た目などから「あ、普通と違う人と働いてるんだ」という差別的な意識をもつことは、うちの社員においてはまったくないと思う。

そのような意味で、「就労困難者の就労支援」は、会社の理念として根付いてきたことを感じている。

アスリートのセカンドキャリアを考える

当社では二〇二〇年から、「アスリートの起業家養成」も始めた。ここ数年来、アスリートのセカンドキャリアが大きな社会問題であることをマスコミを通じて理解していたし、何か当社の本業を通じ、アスリートのお役に立てることはないかということをずっと思案してきた。またユヌスさんがオリンピック委員会のアドバイザーをされ、パリにスポーツ界の社会問題を解決するために「Yunus Sports Hub」を設立したことも、僕の行動を後押しした。

二〇二〇年四月、去年までタイのプロサッカーリーグで活躍した元JリーガーのS君が当社に入社した。S君曰く、「引退ギリギリまでプロで続けて、そのあとのキャリアで困る方が結構いるし、本当はもう少し前にやめていれば違った人生になったかもしれないと思っている元プロアスリートもたくさんいる」と。

そういう人たちは体を毎月危険にさらしながら薄給で頑張って、しかもケガをすれば先がなくなるか、やり遂げても引退したあとは社会人としてはもう使いものにならない年齢になっているというような非常にリスキーな人生を歩んでいる方が多いのではないだろうか。

S君はどちらかというとプロで伸びきらない前に、それを土台にして次（セカンドキャリア）へと考えていたようだ。今年二月に東北の当社タイヤ輸出事業部に数日間研修に来て、最終日の夜、僕と面談したとき、「是非サンパワーで頑張りたい！」と言ってくれた。S君には、数年勤務し、その後、彼の地元で子会社を設立し、当社タイヤ事業部の事業を地元で経営してもらう構想でいる。

僕は単なるビジネスの拡大には興味がない。自社の売上拡大が目的そのものになるからだ。僕は前職の外資系勤務時代、会社の売上貢献では力を出し切った感もあり、経営者である今は、売上（収入）自体にはモチベーションをまったく感じない。

僕は売上追求よりも、たとえばアスリートの方がセカンドキャリアとして企業で働く、いわゆる就労支援という道にやりがいを感じる。ささやかではあるけれど、アスリートの方の「起業家、企業家」としてのセカンドキャリアの道を切り開くことと、当社の子会社設立、拠点数の拡大とが結びついていくのであれば、これほどうれしいことはない。

S君は現在二十代後半だが、四、五年後、彼が三十歳になったときが楽しみだ。「年収一千万を目標にしたい！」とS君。big mouth（大口）は大いに結構だ。

当然、S君は当社のソーシャル・ビジネスの考えに深く感銘を受け、当社で頑張るという決断を下してくれたわけだが、僕はS君に、「サッカーで表現したい気持ちはソーシャル・ビジネスでも違うかたちで表現できる」と伝えた。どういう気持ちでプレーしていたか、その思いを今度はビジネスに乗せればいいと。それでS君は現役引退時から引きずっていた気持ちが少し楽になったようだ。

小さな問題解決から始める

途上国出身の留学生を母国でCEOにすることと、アスリートをCEOにすること、どちらも僕にとってはまったく同じ発想による同じ取組みに過ぎない。アスリートの起業家プログラムは、パリのYunus Sports Hubとも連携しながら進めている。経営者になると、必然的に「仕事＝人生」となる。途上国出身の留学生やアスリートのみならず、今後は当社の能力のある社員をみんな経営者（企業家）にしていきたいと思っている。

今年から一拠点、一つの現場を子会社化してゆくことにした。要は社員を経営者にするということだ。少し書きづらいことではあるけれど、うちの社員はもともと、いわゆる就労困難な事情をもった若者が多い。タイヤ事業部の社員の当社への入社動機は、前職でいじめられた、仕事が不定期で安定した収入がない、なかなか前職では正社員になれなかった等々。こういう経緯で当社に入社した彼らが社長になることで、収入面だけではなくて、生きがい、働きがい、家での父親としてのあり方とか、いろんな点でも良い影響が及ぶと考えている。

ソーシャル・ビジネスは売上やスケール（規模）の追求が目的ではない。あくまで社会課題の解決が目的だ。だから、いきなりスケール（規模）を狙い、大きく展開するより、small stepでまずは小さな成功を体験し、その後、スケールを拡大させることが重要だ。

そもそもだれも手をつけていないからこそ「社会の課題」なのであって、それを見つけて取り組んでいくこと自体が「未踏の分野」へのチャレンジなのだ。

まずは慎重にソーシャル・ビジネスモデルを開発し、スモールステップでスタートさせる。そして利潤が出ればスケールを大きくし、その利潤で、新たな未踏の社会問題解決のための行動をとっていく、それがソーシャル・ビジネスリーダーだ。スモールステップとはよくユヌスさんが言われる言葉である。

ユヌスさんは「スーパーハッピー」という言葉もよく使われる。自分が良くなるのは「ハッピー」。だけど自分が良くなった次に、自分がやることを通して社会の問題が解決していく。このループを作ると、もう社会課題を解決するアイデアがエンドレスでどんどん止まらなく湧いてくるとユヌスさんは言う。これが「スーパーハッピー」な状態だ。

自分の経験やエッジ、尖りで、社会の問題に寄与できるというのは、純粋にすごくうれしい。

国連環境計画のパートナーに

現在、規模の大小を問わず、ほとんどの企業が明日の事業の種に困っている。外部環境の変化が多すぎ、内部環境がその変化に追いつかないからだ。また、本来は企業の戦略構築にヒントを与えるべき役割のビジネス・スクールもその機能を失っている。どこも旧態依然としていて、昔の大企業の戦略モデルをケースとして教材に使い、当該企業の戦略分析をＭＢＡの学生たちにさせている。はっきり言って何の役にも立たない。

前述の、新潟の国際大学（ＩＵＪ）のＭＢＡスクールで学んだ途上国出身の学生を数年前から採用活動している。ＩＵＪは当社の事業に関心をもたれ、昨年、当社を訪ねてこられた。当社をケース・ライティングの教材にし、企業家、社会起業、日本経営など複数の科目でのケース教材にされる予定とのこと。それほど、この激しい外部環境の変化で、ＭＢＡスクール自体も、教育メソッドの再構築に必死なのだと思う。

また当社は二〇一九年五月、ＵＮＥＰ（国連環境計画）とパートナー誓約（Partner Pledge）を締結した。同年六月、日本で開催されたＧ20の議題の大きなテーマに「廃プラのゴミ問題」があり、Ｇ20の一か月前にＵＮＥＰ主催で環境シンポジウムが三日間開催された。当社がセネガルやバングラデシュで取り組む自動車中古部品、タイヤ事業がリユースの観点から廃棄物の削減に寄与していると見られたこともあって、今後ＵＮＥＰと共同で廃タイヤリサイクルに取り組むことになる。

日本からは当社のほかに大阪市やカネカなど4団体が選定されたが、中小企業はうちだけだった。それだけ、日本は途上国への進出が遅れているということだ。

余談だが、UNEPとのPartner Pledge締結のセレモニーは迎賓館で開かれた。みなさん秘書を伴ってのご来場の中、僕だけリュックを背負って行ったので、「君、何しに来たの？」という目で見られたようだ（笑）。

発展途上国への事業展開は、大手はなかなか手をつけないので、起業家や中小企業にとっては最大のチャンスだと思う。あとは怖気づくことなく、やるかやらないかだ。本当に頑張っていただきたい。

2　途上国の起業家支援の取組み

第一のステップ――留学生を起業家に育てる

過去五年間、留学生の採用活動を行うなかで、サンパワー一社では途上国出身の留学生の就労出口に限界があることを痛感した。特に大学院まで来る途上国出身の学生は日本の企業で働き、その企業が将来母国に進出する橋渡しの役割を担いたいという学生が多いが、まだ日本企業の多くにその準備ができていない。そうした現実に、彼らが苦しむのを僕は見てきた。

シリア出身の学生が、稀有なほど優秀なスペックをもちながら、大手企業の面接で、「あなたの国には残念ながら進出も投資も予定はない」と採用を断られたという話を聞いたことがある。それでは彼らは何のために日本に来たのかわからなくなってしまう。本当にハイスペックな留学生の若者が多く、もったいないし彼らの母国にも申し訳ない。日本は、彼らを活かさない手はないと思うのだ。

そんなこともあり、僕は途上国出身の若い学生の出口支援のため、起業家育成に乗り出すことにした。

その第一弾が新潟の国際大学と連携した起業支援のためのコンテスト（Sunpower Social Business Startup Pitch）で、四月上旬に予定していたが新型コロナウイルスの影響で延期になり、五月にオンラインで行うことになった。途上国のリーダーには、華やかな大手企業に勤めるという出口だけでなく、母国の貧困問題をビジネスを通じて解決していくという出口を案内し、その起業家（ソーシャル・ビジネスリーダー）として活躍してもらうことを目的としている。

僕に加え、国際大学の教授、当社セネガルCEO、国際大学二〇一九年卒の中央アフリカ出身者の四名が「ピッチ評価委員」となり、優秀な者にはサンパワー大賞および賞金を授与し、必要に応じて母国での起業支援を行っていくことになっている。

日本には、NPO目的やテックピッチなど、優秀な日本の学生や起業家を対象にしたコンテストはたくさんあるが、就労困難者のための起業支援コンテストというのはほとんどないと思う。だから僕が、途上国出身の優秀な若者のために始めたのだ。

ごく小さな一歩だが、ソーシャル・ビジネスを発展させていくための大事な要件だと考えている。毎年続けることで一人でも多くのソーシャル・ビジネス起業家を輩出し、途上国である母国の社会課題の解決のためのリーダーを生み出していきたい。

第二のステップ――帰国後の起業支援

さらに、日本で学んだ途上国出身の留学生の社会起業家育成に加え、サンパワー・ソーシャル・ビジネスファンドを通じ、途上国での貧困層の起業支援を行っていこうと思っている。第一ステップで育成した若きリーダーたちが、本国に帰ったあとのソーシャル・ビジネス起業支援である。まさに前述したセネガルのムハマド君のお父さんがセネガル大統領に出馬した動機と同じだ。最終的には、やはり貧困層の起業支援が目的だ。

バングラデシュのユヌスさんのグラミン機関でいうと、グラミントラスト社が、この貧困層の起業支援を行っているので、同社とも連携して指導をいただきながら、まずはアフリカで貧困層の起業支援を行っていこうと思う。グラミンのアフリカ版ともいえる。

そして僕の私費や、当社サンパワーの利益の一部をこのサンパワー・ソーシャル・ビジネスファンドに還元、寄付をしていくことも考えている。また、取引でお世話になっている企業や個人にも、途上国支援の啓蒙活動の一環として、少額の寄付をお願いしていく予定だ。

「利益の一部を」と書いたが、ソーシャル・ビジネス・カンパニーとは、何も本業そのもので社会課題の解決をしている会社だけを指すのではない。本業はビジネスでも、利益の一部で社会の課題解決のために寄付や再投資をしていれば、それも立派なソーシャル・ビジネス・カンパニーだといえる。

サンパワー・ソーシャル・ビジネスファンドは、僕のライフスタイル（人生）そのものだ。僕はサンパワーから年収を得ている。なので、バングラデシュ事業構想プログラムや日本企業の海外進出コンサルティングで得た収益は、必要経費を除いた原則全額を、このファンドに寄付していくつもりだ。

僕の取組みを通じて、日本の海外事業の進出やソーシャル・ビジネスへの取組みが進めば進むほど、子どもたちの世代に向けた日本の国際化が進むし、同時にその収益が全額ファンドに還元する。それはすなわち、途上国における起業家を増やしていくことにつながる。まさに一石二鳥のソーシャル・ビジネス・モデルだ。このモデルは僕にとっては最高の形だと思っている。そのために昨年、僕は妻と話し合い、年収の上限を決めた。それを超える事業からの収入は全額ファンドやその他寄付に当てていく予定だ。

中国が全世界に手を広げて途上国を自分の傘下に収めようとしているのとは対照的に、僕ら日本人は精神性、人徳、人間性を最大の武器にして、日本や海外のお役に立つべきだと考えている。これが日本の世界平和への最大の貢献の仕方であるし、今こそまさに、日本は世界平和に向けたグローバル・イニシアティブを取っていくべきときだと思っている。

だからこそ「バングラデシュ事業構想プログラム」には、日本人だけではなく、アフリカ、南米、モンゴルをはじめ、途上国出身の方にも多く参加いただきたい。そして、サンパワー・ソーシャル・ビジネスファンドは、ユヌスさんが始めたグラミンの取組みを、アフリカをはじめ他の途上国に僕なりに普及するチャレンジなのだ。

また、ソーシャル・ビジネスファンドは、僕のライフワークとも書いたが、まさにそのとおり。私利私欲を超えたワクワク感があるし、それをいちばん大事にしたい。日本の企業家がバングラデシュ事業構想プログラムに参加料を払ってどんどん来てくだされば、その分、アフリカの起業家支援額が増えていくことになる。とても楽しみだ。

「就労困難者の起業支援」という言葉があるが、「就労困難者」という定義は無限に広がっていく。あるときは障がいをもった方。あるときは留学生。あるときはプロアスリート。あるときは貧困に喘ぐ若者。そしてあるときは……と次々に広がっていく。

ユヌスさんと出会わなければ、僕は就労困難者の就労支援はしていたが、起業支援はしていなかっただろう。正直、そんな発想はなかった。出会いとは不思議なもの。出会いで人生は導かれるのだとつくづく思う。感謝しかない。

3　グローバル・ソーシャル・ビジネスカレッジ設立に向けて

教育への情熱

実は僕は昔から「あなたは教育家だ」と言われることが多かった。「いや僕は事業家だからビジネスにしか興味はない」と返答していたが、人間力大学校設立といい、この節のテーマとなるソーシャル・ビジネスカレッジ設立準備といい、やはり僕には教育家のDNAがあるのかもしれない。たしか、僕の母方の祖父は政治家の指導をしていた。ユヌスさんも「川村さんは経営者だけど、前は大学の先生をしていたのか」と他の人から聞かれたらしい（笑）。

僕は今四十五歳。数年以内に僕の集大成（今までの国際経験を活かしたソーシャル・ビジネス）として、新たに若きリーダーを育成する事業を興すつもりだ。

今、世界では、さまざまな社会問題が発生している。貧困問題、環境問題、平和問題など、挙げていけば枚挙にいとまがないほどだ。

一方、日本国内に目を転じると、「従来の枠」にはまった固定化した考え方が蔓延している。我々企業リーダーを筆頭に、自由な発想でイノベーションを起こし、グローバル観をもって事業を展開し、その事業（本業、生き様）を通じて国内外の社会問題をグローバルな視点で解決していく。そういう気概が日本国内では極めて希薄な空気を感じる。

今は従来の価値観を一度スクラップ（ゴミ箱に入れる）し、新しい社会の創成に向けて行動していくときであると強く感じている。

社会のスキームはやはり青年期の教育で身につけるもので、そのスキームの影響は大きいと、僕は自分の実体験から感じている。青年時代にどういう「環境」に身を置くかで、その後の「人生の進路」が決まる場合が多いのではないだろうか。

特に国際社会をグローバル観をもって生き抜いていくには、十代のときに「グローバルな世界」と触れ合い、その中に身を置き、自分の世界観をつくる必要がある。現在の受験体制は旧態依然で、いまだにいわゆる「良い大学」に入ることを最優先とする仕組みとして存在している。もういい加減反省し、そうした受験体制やその価値観そのものを我々大人がスクラップにしなければならない。

これからの社会のビジョン

これからは欧米型資本主義に代わる社会の構築が必要だと思っている。つまり、

●一部の者だけの富を追求する時代
●規模の拡大を通じ自己顕示欲に走る時代
●自然との共生よりも、自社の収益最大化を優先する時代

このような時代から、

●皆が等しく、就労・起業できる、多様性の尊重される社会
●常識にとらわれず、自分の可能性を固く信じ、良き社会実現のためにこそ努力をする者、自分の人生・夢を追いかけるのが当たり前の時代
●社会的弱者のために光が照らされる社会
●多くの若者が日本（母国）と世界のためにチャレンジするのが当たり前とされる時代をつくっていくこと。

こういう新しい社会創生の担い手は、これからの若者である。真に自由で、グローバル観をもち、自分の素晴らしい人生を、地球・世界・日本の社会問題解決のために活かしてくれる、そんな若者の輩出を目的に、「グローバル・ソーシャル・ビジネスカレッジ」を

設立することに着手した。

大半は高校卒業予定の若者を入学対象としているが、社会人や後継経営者予定者の方も一定の割合で入学の枠を設けたいと考えている。社会人の方は将来の起業準備のため、また後継経営者予定者は後継後の将来の自社の事業構想のために、是非、若者と一緒に学んでいただき、世界を見ていただきたいと思っている。

学歴社会をスクラップにするため、文科省の認可を取らず、独立独歩・自主運営を行いたいと考えている。また、本学の卒業生は六割以上が「海外の大学に進学」する、あるいは「国内外で起業」をすることを目指してもらう。

「カリキュラム」もこうした新しい社会創成に向けて、真に必要な科目を中心にそろえる。また、本学の教員は原則実務家（理想と現実の両方を知り、また経験している）を招き、各生徒一人ひとりの夢の構想、実現に伴走していただく。


このグローバル・ソーシャル・ビジネスカレッジに興味のある方は是非、僕らの子どもの世代の新しい社会創成のためにご支援いただきたい。次の新しい社会を創るのは僕らの子どもや青年であり、その道筋を示してあげるのは僕ら大人の仕事だと思う。もちろん、ユヌスさんにもご指導、ご支援を賜る予定だ。

カレッジの次は、いよいよ高校の設立だ。地球規模の課題を解決する実践的ソーシャル・ビジネスリーダーを育成していく。ポスト・コロナウィルスの百年後の新しい社会創成に向けて。

こうしてみると、今までの自分の過去すべての出来事が益々つながってくる。まさに「80億人起業家」だ。僕自身もこれから無数のソーシャル・ビジネスを国内外で興していくと同時に、ソーシャル・ビジネスカレッジを通じ、若者を世界に羽ばたく、グローバル・ソーシャル・ビジネスリーダーに育成していこうと思っている。

「ソーシャルビジネス実践塾」を開塾

「バングラデシュ事業構想プログラム」をさらに充実させ、二〇二〇年十二月あたりから「ソーシャルビジネス実践塾」を開塾する予定だ。今その準備に多くの時間を割いている。

バングラデシュ事業構想プログラムは、ユヌスさん、グラミンと一緒に、経営者、起業家、社会人などを対象に、「日本のバングラデシュ進出」並びに「ソーシャル・ビジネス創出」を目的として、バングラデシュ現地視察を実現するプログラムだった。二〇二〇年末からは、より多くの方を対象に、また、ソーシャル・ビジネス普及のために、私塾を開校させていただくことにした。

ソーシャル・ビジネスの理解に加え、皆様の会社のソーシャル・ビジネス・カンパニーへの変革に向けて、また起業家、社会人のソーシャル・ビジネス構想の具現化に向けて、僕のこれまでの国際経験、ソーシャル・ビジネス経験を皆様と共有したいと思う。理論家ではなく、実行者による実践的な塾である。興味ある方はぜひご連絡いただきたい。

4　僕の目指すビジョンはただ一つ——世界の平和

次世代への恩送り

僕はいろいろなことを手がけているのだが、結局、世界平和のため。自分の人生・経営を通じ、どれだけ「世界の平和と人類の安寧」のお役に立てるかが大事だと思っている。

稲盛和夫さんの哲学（利他の心）を知り、それがきっかけとなって僕はユヌスさんと出会いソーシャル・ビジネスに傾倒していった。それだけでなく、母親の慈悲深い心と、ご縁をいただいた多くの方に僕は助けられ、人生を導いていただいたと思う。それらすべてが、四十歳を超えた頃に、逆に自分が少しでも困っている方のために何かお役に立てることはないか、地球や地域の社会課題に対し何かできることはないかと自問自答し、それをビジネスとして形にしていく契機になったのではないかと感じるのである。

三人の息子の父親になった今、息子が大人になるときに、父親として、また大人として何ができるか、何をすべきか、つまり自分の役割や使命（天命）を考えるようになったのだ。その根底にはやはり多くの方に良くしていただき、人生を良き方向に導かれたという感謝の思いがある。自分の天分・資質をどう活かし、あとは、それをどう社会課題の解決や息子たちの世代に恩返ししていけるかだ。

本書の一番の読者は、実は僕の三人の愛する息子だ。長男が高一、次男が小五、三男が小四だ。僕が父からそう言われたように、三人の息子にもそれぞれふさわしい道を歩んでほしい。

どんな道に進もうと、自分の経験や資質を、自分だけのために使うのではなく、自分より立場の弱い人や困っている人のために大いに活かしてほしい。それが本当の意味の「職業」だと思う。

我が川村家も、妻の家系も、経営者と国際性の両方をもった家系だ。だから僕の息子たちも、どんな分野で活躍するかは本人が決めることだが、経営者と国際性のＤＮＡが大いにその身に備わっているはずだ。

人生には無限の可能性があるし、それこそ「心で思ったとおりの人生になる」。自分を固く信じ、自分の生きたい道を歩んでほしい。登りたい山（志）に登ってほしい。絶えず謙虚に、素直に、感謝の念を忘れず。

最後に息子たちにこの言葉を贈る。幼少時代、僕が父からよく言われた言葉だ。

Boys, be ambitious.（青年よ、大志を抱け！）

5　ユヌス博士との対談

二〇一九年五月、一回目のバングラデシュ事業構想プログラムが実現した折に、僕はユヌスさんと対談する機会をもつことができた。ここにそのときの対談記録を掲載し、この本の末尾を飾ることにしたい。

日本の国際競争力

川村　ユヌス先生、このたびはご多忙の中、対談のお時間をいただき誠にありがとうございます。まず、僕は日本の国際競争力の低下を危惧していますが、どうして日本は国際競争力を失い続けているか、ユヌス先生のお考えを教えていただけないでしょうか。本当に身近な例ですが、アフリカ出張の際、飛行機の機内に日本人は皆無ですし、現地でも中国などアジア系企業と比較しますと、本当に現地進出が少ないのが実情です。こうした肌感覚だけでも、将来の日本を危惧しています。

ユヌス　これはとてもシンプルな理由です。日本のみならず、他の国も、その国際競争力を失っています。誰かが市場シェアを占有すれば、他の誰かが市場シェアを奪われますが、そのおもな理由は中国です。国際市場の大きさを比べてみますと、以前は中国のシェアはほぼありませんでしたが、現在、中国は絶大なる競争力を増しています。中国製の製品は他のどの国の製品よりもより安く、また同時に性能も良くなっている。通信携帯業界の一例を見てもわかると思います。今では先進国自らも中国から仕入れている。中国製品の品質・性能が良くなっているから、何を、どこで販売するにせよ、競争力を担保するには、中国に製造工場をもつ必要がある。どんな電子製品でも、どの国で販売するにせよ、中国との接点なしに、成功することが難しくなっています。

これが現状なのです。日本で販売されている家庭製品の半数以上が中国で製造されています。これが日本市場に影響を与えている要因の大きな一つです。市場自体は大きくなっていますが、各国のシェアでみると、一か国あたりのシェアも小さくなってきています。これが日本企業の国際競争力を低下させている原因だと思います。

世界はどう変わっていくか

川村　どうしたら日本企業の国際競争力を向上させることができるでしょうか?

ユヌス　私は異なる視点から見たいと思います。私は世界のすべての既存のビジネスが徐々に消滅していくと見ています。世界そのものが破滅への道を進んでいるからです。その前提に立つと、すべての既存のビジネスに未来はないと言わざるを得ませんし、既存のビジネス自体、この世界の破滅（環境破壊など）の原因になっているのです。

次の二十年で、世界経済は大きく変化するでしょうし、今、何が起きているかという視点では捉えられません。ビジネスそのもののコンセプトが変化を遂げる必要があります。そうしないと、我々はこの地球で生き残ることができません。今から申します三つのことが、「次の二十年」での変化をもたらす要因になると考えます。もし我々人類がこの三つの問題を解決しなければ、世界は完全に破滅の方向に向かうでしょう。

一つ目は世界規模での環境問題です。今まで我々はこの環境問題に対して何も手を打ってきませんでした。環境問題に対し、多くの議論が費やされてきましたが、実際には行動（アクション）には至りませんでした。二〇二〇年までに何も対策を講じなければ、もはや手遅れと言われ続けていますが、何も行動しないことで、どんどんと世界の環境問題は破滅の方向に向かっています。

二つ目は、「富の不均衡」の問題です。すべての富は一部の金持ちの層へ向かいます。社会の底辺層へは富は分配されません。富を得た一部の富裕層はその状態についてどうすることもできません。富裕層が悪の原因ということではなく、富が社会全体に分配されない既存の社会の仕組みそのものが問題なのです。

三つ目は「テクノロジー（技術）」です。ＡＩは今後五年から十年で益々強力になるでしょう。現在の我々の仕事はＡＩにとって代わられるでしょう。現在の我々の仕事は「機械」が行ってくれます。たとえば、学校では教師が教室で教えなくなるでしょう。代わりにＡＩが教室で教えてくれます。そのほうがわかりやすいでしょうし、コストも安くつく。では教師はどうなるのでしょうか？　何をすればよいのでしょうか？　教師の収入がなくなれば、失業により、当然生活を支えるためのものが何も買えなくなってしまいます。銀行業に従事している方も同じです。ＡＩ（ロボット）がその仕事を代行するでしょう。事務所で働く方も同様です。工場労働者もロボット労働者にその仕事をとって代わられるでしょう。

もしロボットに我々人間の仕事が奪われれば、我々人間は世界の中で住む場所を失います。これは問題だと思います。我々はＡＩの素晴らしさを讃え、「テクノロジー博物館」で、ＡＩ・ロボットの素晴らしさを見ることができると思いますが、そのうち、ＡＩ・ロボットは博物館ではなく、実際の私たちの社会の中で見ることになるでしょう。タクシードライバーの方の仕事などもＡＩに奪われたら、いったいその雇用はどうなるのでしょうか？ましてや、ＡＩ・ロボットは人間より真面目に制御されるでしょうし、一日二十四時間稼働できます。休暇も必要ありません。

何のために生きているのか

川村　我々人類にどんな影響がもたらされるのでしょうか？

ユヌス　以上述べた三つ（環境問題、富の不均衡問題、ＡＩ問題）に対し、次の二十年間で対策を講じなければなりません。その前に我々は「人間の目的」を再度自覚しなければなりません。我々はお金のために生きているのではないと思います。我々自身の幸せのために生きているはずです。ビジネスの目的の再認識も同様です。そうすることで、我々がこの地球上に生活し続けることができます。

今日現在の我々はどうでしょうか？　我々はまるでお金を生み出す機械です。我々にできる唯一のことはお金の匂いを嗅ぐことです。お金のために我々はモンスターのごとく、他のすべてを破壊してきたのです。もしあなたがそうだとしたら、あなた自身が地球の破壊の問題の一部を作り出している張本人なのです。しかし、もしあなたに以上のことを理解していただけたならば、よりよい改善ができるでしょう。この問題が深刻になるのは、我々世代の時代でなく、我々の子供たちの世代です。

これはどの国・地域にも起きている問題です。日本やアメリカなどどこか特定の国ではなく、ロシアや他のどの国でもいえることです。もし我々が救われたければ、今我々が行っていることを止めなければなりません。自分が止めれば、それを自分の周りに教えてあげられる。それが我々人類の生き延びていく術です。世界にそれを行うリーダーが必要です。

川村　これらの問題を解決、乗り越えていくには、我々はどのような自己変革・自社変革が必要でしょうか？

ユヌス　「ソーシャル・ビジネス」に取り組むことが打開策の一つです。そして「起業」がその一つです。起業自体が問題を解決することにつながります。特に若い層には頑張ってほしいと思っています。

問題を解決するのは人間の責務

川村　現在の日本企業の経営者や起業家にアドバイスをいただけないでしょうか？

ユヌス　まずは直面する危険（課題）を受け入れ、課題と対峙することです。製品のリサイクルや化石燃料を使わずに電気を得る方法などにより、持続可能な生活を得ることができます。

私もたった一人の人間、あなたも同様にたった一人の大切な人間、そして家族です。そういう家族愛に基づいた考え方から出発します。問題を起こした者が我々人間であるならば、それを解決できるのも我々人間であるはずです。我々人間以外には誰も解決できません。この認識がまず初めの第一歩です。たった一人の人間には大きなことはできませんが、しかし、たった一人の小さな一歩が世界を大きく変えていくのです。誰かが初めに小さな一歩を踏み出し、それが最終的に世の中を変えていくのです。

我々の子供の世代は生き延びなければなりません。二十年もすると、子供たちは大学を卒業するでしょう。そのとき、どんな世界が子供たちを待ち受けているのでしょうか？それを今我々大人の世代が決めなければなりません。孫の世代なんて悠長なことはいってられません。今の彼らには未来がありませんから。だから私は今いろいろ問題を提起しているのです。政治家にも、今我々は世界の破滅を停止させる行動をとるべきだと説明しているのです。もちろん我々自身にも。明日仕事がなくなったらどうでしょう。「あなたが働く場所はない、我々にはもっと良い先生がこの箱（機械）の中にいる」と箱を開けてみせてくれたらどうでしょう。人間は機械にとって代わられます。あなたに人類を滅ぼす核兵器はもはや必要ありません。なぜなら、我々人類は我々人類自身の手で滅ぼされる可能性があるのですから。

既存のビジネスとの決別

川村　ありがとうございます。もう一つ教えてください。同じような主旨の質問かもしれませんが、日本のような「成熟期の経済」のもとでは、どのように企業経営者や起業家は経営の舵取りをしていけばよいでしょうか？

ユヌス　既存のビジネスと決別することです。大企業も中小企業も、新しいビジネスを構想（起業）しなければなりません。自分の生活に何が欲しいか決めてください。お金ですか？　人並な生活ですか？　あなたの目がドルマークである限り、我々は世界を変えることはできません。我々自身のことも見ることができないのです。我々はドル（お金）だけを見ることができます。我々の目をドルマークから変えなければなりません。すると、モノゴトがよく見えるようになります。成熟経済はさらに多くの問題を抱えています。新興市場国ではまだ問題が起きていませんし、行き詰まっていません。新興市場国はまだ学習曲線にあり、成長過程にあるからです。

既存のビジネスが崩壊する前に、我々は持続可能なビジネスモデルを模索すべきです。ソーシャル・ビジネスを構想し、それを少しずつ大きなかたちにしてください。企業経営者も起業家の皆さんも、既存のビジネスのほかに、ぜひソーシャル・ビジネスを構想、開発してください。すべての企業にそうしていただきたいのです。企業の規模の大小はまったく関係ありません。まずは小さくソーシャル・ビジネスを開発、興し、立ち上げ、その実行過程を通じ、ソーシャル・ビジネスを学んでください。そして、徐々に事業としてソーシャル・ビジネスを育てていただきたいと思います。ソーシャル・ビジネスが「良い、善」だから行うというのでなく、ソーシャル・ビジネスこそが次の二十年の間、我々人類が生き残るのにまさに必要だからです。ソーシャル・ビジネスが次の新しい社会創成のエンジンとなります。

あとがき

最後に、感謝の言葉でこの本を終わりにしたいと思います。

こんな破天荒な僕と大学時代に知り合い、ずっと付いてきてくれている妻（成美）に感謝します。社会人時代は海外転勤など含め、国内外の引っ越しが多く、また僕が経営者になってからはまともに家庭を顧みる時間もなく、三人の息子の子育てを任せきりでした。三人の息子の一人ひとりの個性、資質に合わせ、子育てをしてくれ、本当に感謝をしています。

今後も僕の人生は破天荒で大変だと思いますが、企業の長として、家庭の長として、頑張っていきますので、これからもよろしくお願いします。

三人の息子にも、「パパとママのもとに、生まれてくれてありがとう」。三人とも心から愛しています。

毎日会社を支え、一生懸命、お客様や仲間のために働いてくれているすべての当社従業員の皆さん、関係各社各位にも本当に感謝します。

また、本の出版の提案をいただき、原稿を何度も何度もご指導いただきました晴山さんにも心から感謝申し上げます。感謝合掌。

【著者プロフィール】

川村 拓也

（かわむら たくや）

1975年生まれ、同志社大学経済学部卒業。商社勤務（大阪本社、ドイツ現地法人勤務）後、米国系の自動車部品メーカーに勤務（横浜アジア本部、アメリカ本社駐在）。34歳で㈱サンパワー入社。現在、同社代表取締役社長。主要な事業は、①企業向けの海外事業支援、②自動車リサイクルタイヤ・パーツの輸出。2016年2月人間力大学校創業、同年6月セカタイ（世界リサイクルタイヤ研究同志の会）設立。2017年7月バングラデシュのムハマド・ユヌス博士（グラミン銀行創設者、2006年ノーベル平和賞受賞）のグラミングループとの合弁会社設立覚書に調印（Grameen Japan Sunpower Auto）。2017年8月サンパワーセネガル設立（西アフリカ）。2018年6月ユヌス博士とともに「廃タイヤリサイクル新技術研究開発諮問機関」を設立。

【連絡先（メール）】 taku.kawamura@sun-power.co.jp

【サンパワー：会社概要】

1976年、川村智且（ともかつ）が設立。現在は川村拓也が代表取締役社長。
国内拠点：横浜（本社）、青森、秋田、盛岡、仙台川崎、山形酒田、福島、新潟。
海外拠点：サンパワーセネガル、グラミン・ジャパン・サンパワー・オート（バングラデシュ）。
その他、今後も海外に現地法人を設立予定（南アジア、アフリカ、中南米）。
海外顧客エリア：ギニア、セネガル、ジョージア、ドバイ、モンゴル、ドミニカ、ペルー、ロシア他。
企業の海外進出支援のため、2018年よりバングラデシュ事業構想プログラムをスタート。
今後はモンゴル、ジョージア、アフリカなどに展開する予定。
https://www.sun-power.co.jp/

「ソーシャル・ビジネスの基礎が学べる動画ビデオサイト」
https://social-business.info/funnel/sb-school/2videos_gift_books-80-kawamura/

編集：馬場先智明
装丁・DTP：小林茂男

80億人起業家構想 僕がユヌスさんと会社をつくった理由（わけ）

2020年12月8日　初版第1刷発行

著　者　川村拓也

発行者　晴山陽一
発行所　晴山書店
〒173-0004　東京都板橋区板橋2-28-8　コーシンビル4階
TEL：03-3964-5666／FAX：03-3964-4569
URL：http://hareyama-shoten.jp/
発　売　サンクチュアリ出版
〒113-0023　東京都文京区向丘2-14-9
TEL：03-5834-2507／FAX：03-5834-2508
URL：http://www.sanctuarybooks.jp/
印刷所　恒信印刷株式会社

ISBN978-4-8014-9403-9